国家无障碍战略研究与应用丛书（第一辑）

无障碍与导盲犬研究

大连医科大学　中国导盲犬大连培训基地　著

辽宁人民出版社

图书在版编目（CIP）数据

无障碍与导盲犬研究 / 大连医科大学，中国导盲犬大连培训基地著. —沈阳：辽宁人民出版社，2019.6
（国家无障碍战略研究与应用丛书. 第一辑）
ISBN 978-7-205-09657-1

Ⅰ. ①无… Ⅱ. ①大… ②中… Ⅲ. ①犬—应用—残疾人—社会生活—研究—世界 Ⅳ. ①S829.2 ②D586.9

中国版本图书馆 CIP 数据核字（2019）第 132286 号

出版发行：辽宁人民出版社
地址：沈阳市和平区十一纬路 25 号　邮编：110003
电话：024-23284321（邮　购）　024-23284324（发行部）
传真：024-23284191（发行部）　024-23284304（办公室）
http://www.lnpph.com.cn
印　　刷：辽宁新华印务有限公司
幅面尺寸：170mm × 240mm
印　　张：16.5
字　　数：260千字
出版时间：2019 年 6 月第 1 版
印刷时间：2019 年 6 月第 1 次印刷
责任编辑：李　丹　郭　健　赵学良
装帧设计：留白文化
责任校对：赵卫红
书　　号：ISBN 978-7-205-09657-1
定　　价：88.00元

总 序

何毅亭

目前，我国直接的障碍人群有1.25亿，包括8500多万残疾人和4000万失能半失能的老年人。如果把2.41亿60岁以上的老年人这些潜在的障碍人群都算上，障碍人群是一个涵盖面更宽的广大群体。因此，无障碍建设是一项重大的民生工程，是我国社会建设的重要课题，也是我国社会主义物质文明和精神文明建设一个基本标志。毫无疑义，研究无障碍战略和无障碍建设具有十分重要的意义。

在中国残联的关心支持下，在中央党校、中国科学院、清华大学等各方面机构的学者和无障碍领域众多专家努力下，《国家无障碍战略研究与应用丛书》（第一辑）付梓出版了。这是我国第一部有关无障碍战略与应用研究方面的丛书，是一部有高度、有深度、有温度的无障碍领域的研究指南，具有开创性意义，必将对我国无障碍建设产生深远影响。

这部丛书将无障碍建设的研究提升到国家战略层面，立足新时代，展望新愿景，提出了新战略。党的十九大确认我国社会主要矛盾已经转化为人民日益增长的美好生活需要和不平衡不充分的发展之间的矛盾。我国社会主要矛盾的转化，反映了我国经济社会发展的巨大进步，反映了人民群众的新期待，也反映了发展的阶段性特征。新时代，一定要着力解决好发展不平衡不充分问题，更好满足人民在经济、政治、文化、社会、生态、公共服务等各方面日益增长的需要，更好推动人的全面发展和社会全面进步。无障碍建设是新时代人民群众愿景的重要方面。中央党校高端智库项目将无障碍建设作

何毅亭　第十三届全国人民代表大会社会建设委员会主任委员，中央党校（国家行政学院）分管日常工作的副校（院）长。

为重要战略课题进行研究，系统论述了无障碍建设的国家战略，提出了无障碍建设目标体系以及实施路径和机制，将十九大战略目标在无障碍领域具体化，成为本套丛书的开篇，体现了国家高端智库的应有作用。

这部丛书汇聚各个机构专家学者的知识和智慧，内容涉及无障碍领域的创新、建筑、交通、信息、文化、教育等领域，还涉及法律、市场、政策、社会组织等方面，体现了无障碍建设的广泛性和系统性。它既包括物理环境层面，也包括人文精神层面，还包括制度层面，是一个宏大的社会话题，涵盖国情与民生、经济与社会、科技与人文、创新与发展、国家治理和全球治理等重大问题。丛书为人们打开了一个大视野，从多领域、跨学科、综合性视角全面阐释了无障碍的理念与内涵，论述了相关理论与实践。丛书的内容说明，无障碍建设实际上是一个国家科技化、智能化、信息化水平的体现，是一个国家经济建设和社会建设水平的体现，也是一个国家硬实力和软实力的综合体现。它的推进，也将有助于推进我国的经济建设、社会建设、文化建设和制度建设，对于我国新时期创新转型发展将产生积极影响。

这部丛书立足于人文高度，体现了“以人民为中心”的要求，不仅从全球角度说明了无障碍的人道主义内涵，而且进一步论述了我国无障碍建设所体现的社会主义核心价值观内涵。丛书把无障碍环境作为国家人文精神的具象，从不同领域、不同方面阐述无障碍环境建设的具体措施，体现了对残疾人的关爱，对障碍人群的关爱，对人民的关爱。它提醒我们，残疾人乃至整个障碍人群是一个具有特殊困难的群体，需要格外关心、格外关注，整个社会应当对他们施以人道主义关怀，让他们与其他人一样能够安居乐业、衣食无忧，过上幸福美好的生活。这是我们党全心全意为人民服务宗旨的体现，是把我国建成富强民主文明和谐美丽的社会主义现代化强国，促进物质文明、政治文明、精神文明、社会文明、生态文明全面提升的体现。

这部丛书的出版，深化了对无障碍的认识，对于无障碍建设具有重要的指导意义，对于各级领导干部进一步理解国家战略和现代文明的广泛内涵也具有重要参考作用。丛书启迪人们关爱残疾人、关爱障碍人群，关爱自己和别人，积极参与无障碍事业。丛书启迪人们，无障碍不仅在社会领域为政府和社会组织提供了大有作为的空间，而且在经济领域也为企业提供了更大的发展空间。丛书还启迪人们，无障碍不仅关乎我国障碍人群的解放，而且关乎我们所有人的解放，是人的自由而全面发展的一个标志。

我国无障碍建设自20世纪80年代开始起步，从无到有，从点到面，逐步推开，取得了明显进展。无障碍环境建设法律法规、政策标准不断完善，城市无障碍建设深入展开，无障碍化基本格局初步形成。但是也要看到，我国无障碍环境建设还面临着许多亟待解决的困难和问题，全社会无障碍自觉意识和融入度有待进一步提高，无障碍设施建设、老旧改造、依法管理有待进一步加强，信息交流无障碍建设、无障碍人才队伍建设等都有待进一步强化。无障碍建设任重道远。

借《国家无障碍战略研究与应用丛书》（第一辑）出版的机会，我们期待有更多的仁人志士关注、参与、支持无障碍建设，期待更多的智库、更多的专家学者推出更多的无障碍研究成果，期待无障碍建设在我国创新发展中不断迈上历史新台阶。

2018年12月3日

国家无障碍战略研究与应用丛书（第一辑）

顾　问

吕世明　段培君　庄惟敏

编者的话

《国家无障碍战略研究与应用丛书》（第一辑）历时三载，集国内数十位专家、学者的心血和智慧，终于付梓，与读者见面。

《丛书》以习近平新时代中国特色社会主义思想为指导，体现习近平总书记对残疾人事业格外关心、格外关注。2019年5月16日，习近平总书记在第六次全国自强模范暨助残先进表彰大会上亲切会见了与会代表，勉励他们再接再厉，为推进我国残疾人事业发展再立新功。习近平总书记强调要重视无障碍环境建设，为《丛书》的出版指明了方向，提供了遵循；李克强总理2018年、2019年连续两年在《政府工作报告》中提出“加强无障碍设施建设”“支持无障碍环境建设”；韩正、王勇同志在代表党中央、国务院的讲话中指出“加强城乡无障碍环境建设，促进残疾人广泛参与、充分融合和全面发展”。

中国残联名誉主席邓朴方强调：无障碍环境建设是一个涉及社会文明进步和千家万户群众切身利益的大问题，我们的社会正在一步步现代化，要切实增强无障碍设计建设意识，认真推进无障碍标准，不断改善社会环境，把我们的社会建设得更文明、更美好。

中国残联主席张海迪阐释：“自有人类，就有残疾人，就会有障碍存在。人类社会正是在不断消除障碍的过程中，才逐步取得文明进步。无障碍不仅仅是一个台阶、一条盲道，消除物理障碍固然重要，消除观念上的障碍更为重要。发展无障碍实际上是消除歧视，是尊重生命权利和尊严的充分体现。”

多年来，在各部门努力推进和社会各界支持参与下，我国无障碍环境建设取得了显著成就。《无障碍环境建设条例》实施力度不断加大，国民经济和社会发展“十三五”纲要及党中央关于加快残疾人小康进程、发展公共服务、文明建设、推进城镇化建设、加强养老业、信息化、旅游业发展等规划都明确提出加强无障碍环境建设和管理维护；住房和城乡建设部、工业和信息化部、教育部、公安部、交通运输部、国家互联网信息办、文化和旅游部、中国民航局、铁路总公司、中国残联、中国银行业协会等部委、单位、高校、科研机构制定实施了一系列加强无障碍环境建设的公共政策和标准，城乡和行业无障碍环境建设全面推进，社区、贫困重度残疾人家庭无障碍改造深入实施，无障碍理论研究与实践应用方兴未艾。大力推进无障碍环境建设，努力改善目前与经济社会发展不相适应，与广大残疾人、老年人等全体社会成员需求不相适应的现状，是新时代赋予的使命担当。

《丛书》是多年来我国无障碍环境建设实践和研究的总结，为进一步加强无障碍环境建设提出了理论思考建议并对推广应用提供了参考和借鉴。

《丛书》入选“十三五”国家重点图书出版规划和国家出版基金资助项目，是对《丛书》全体编创人员出版成果的高度肯定，充分体现了新时代国家对无障碍环境建设的关心、关注和支持，将进一步促进无障碍环境建设发展，助力我国无障碍事业迈向新阶段。

前 言

无障碍建设是人类追求美好生活与构建和谐社会的活动。习近平总书记强调，“全面建成小康社会，残疾人一个也不能少”。截至2010年末，我国残疾人总人数8502万人，其中视力残疾约1263万人，按人口以平均每年45万增速计算，目前视力残疾人约有1623万人，约占总人口的百分之一，意味着大约每100人中就有1人是视力残疾人。

本书概述了视力残疾人的社会贡献和社会需求，介绍了视力残疾人权益保障的法律法规，以及视力残疾人的无障碍公共设施和无障碍设备等无障碍出行的现状。相较于其他残疾人，视力残疾人往往是无障碍环境设计中经常被忽略的一个群体。而完善视力残疾人的无障碍环境建设将大大降低他们出行的难度，不仅使视力残疾人基本的生活需求得到满足，也在一定程度上增加了视力残疾人的社会活动参与率，从根本上改善视力残疾人的生活质量，使视力残疾人获得与健全人平等的机会和福利。

导盲犬是视力残疾人的眼睛，是温顺聪明、训练有素的工作犬，能够帮助视力残疾人独立地安全出行，给予他们生活的陪伴与关怀，是他们忠实的朋友和守护者，因而，拥有一只导盲犬是视力残疾人梦寐以求的愿望。同时，导盲犬还反映一个国家社会福利事业以及社会文明的程度，它能够唤起整个社会对残疾人的关爱意识，提高对残疾人福利事业的关注程度，对构建和谐社会具有重要意义。

本书通过回顾导盲犬的发展历史，介绍了导盲犬的国内外发展现状、国内外导盲犬机构和导盲犬的相关法律法规。本书重点阐述了我国导盲犬事业发展存在的问题，探讨了解决思路。以高校和导盲犬培训基地为依托，建立国家层面的导盲犬研究机构，配备专业科研人员，培养导盲犬方向的专业人才，是我国导盲犬事业健康可持续发展的必由之路。

本书在总结中国导盲犬大连培训基地近十五年的导盲犬工作经验基础上，系统介绍了导盲犬的培育和培训过程，涉及导盲犬的繁育、家庭寄养、培训、共同训练、服役、退役以及质量控制的考核评估体系。中国导盲犬大连培训基地是我国大陆地区第一家也是目前为止唯一一家面向全国的能够在导盲犬的繁育、培训、应用等多方面提供专业性指导的大型研究与实践相结合的非营利机构。基地已建立完整的良性运转的培育和培训体系。截至2018年末，基地已培训出170余只导盲犬，全部免费交付视力残疾人士使用，让中国人能够使用自己培训的导盲犬。

本书结合中国导盲犬大连培训基地的研究数据及相关文献，综述了行为学、生理学和遗传学在导盲犬应用中的研究进展，探讨了存在的问题及应用前景。导盲犬工作的特殊性要求导盲犬在工作时具备集中注意力和较强抗外界干扰能力，具有良好的应变能力和稳定的性情。高要求的考评体系导致了导盲犬培训的高难度、高复杂性和低成功率。因此，利用行为学、生理学、遗传学等研究成果建立评估预判体系，遴选优质种犬和幼犬，维护优质种群，可极大提高导盲犬的培育和培训成功率，降低成本，是高效发展导盲犬事业的关键环节。

本书还探讨了随着人工智能时代的来临，导盲犬所面临的机遇与挑战。不可否认，在导盲领域大力发展人工智能技术已是大势所趋。但人工智能导盲的发展不仅面临着诸多技术难题，还承受着研发成本高、资金投入有限、视力残疾人群普遍收入低等压力。就目前的情况而言，导盲犬填补了普通导航产品无法有效规避障碍的功能空白区，而导航系统也解决了导盲犬在陌生地点无法识别路线的问题，两者的有机结合，使视力残疾人士的出行更加安全快捷。导盲犬作为鲜活的生命，它们为视力残疾人士带来的心灵上的慰藉是冰冷的机器所无法替代的，它们的陪伴是视力残疾人士最宝贵的财富。这为未来导盲犬事业的发展奠定了坚实的基础，也决定了大力发展导盲犬事业的必要性。

本书梳理了关爱导盲犬的相关法律法规和社会保障措施，在介绍关爱导盲犬的必要性与实施方法的基础上，提出增强社会大众关爱导盲犬意识的重要性。导盲犬是视力残疾人士无障碍出行的重要方式之一，是帮助视力残疾人参与社会生活、改善视力残疾人生活质量的主要手段之一。因此加强社会大众对导盲犬的认知、理解和接纳是关爱导盲犬的重要表现。让社会大众及公共服务机构了解导盲犬、不拒绝导盲犬，加强导盲犬出行无障碍环境建设的国家政策、法律法规的制定和实施，均彰显了我国的社会发展和文明进步，标志着无障碍环境建设水平得到进一步提升，是全社会弘扬人道主义情怀和人文关爱的具体体现。

本书旨在完整、系统地介绍我国导盲犬培育和培训的研究与应用成果。以我国导盲犬的发展现状为背景，以视力残疾人无障碍出行为目标，重点介绍导盲犬的繁育、家庭寄养、培训、考核评估体系以及行为学、遗传学、生理学在导盲犬应用中的研究成果，并针对导盲犬事业发展的瓶颈、人工智能是否取代导盲犬和导盲犬福利等问题，提出了合理的解决思路与方案。本书必将有效推动我国视力残疾人士无障碍出行和导盲犬事业的建设与发展。

本书由中国导盲犬大连培训基地的科研和专业人员协力编著。王靖宇和王爱国负责前言的撰写及本书内容的筹划、审查、修改，其中第一章由李昶仪编写，第二章由詹红微编写，第三章由李雅婵、张敏编写，第四章由马雪娜、白静编写，第五章由陈舒婷编写，第六章由周子娟、韩芳编写。艾博在图片处理方面做了大量的工作。

由于作者水平有限，书中难免存在不足，恳请同行专家与广大读者朋友提出宝贵意见。

目 录

第一章

视力残疾人无障碍出行的现状

第一节　视力残疾人的社会需求与贡献

在过去，绝大多数残疾人的社会地位低下，生存境况窘迫。近代著名教育家张謇先生曾感叹“盲哑之儿童，穷则乞食，富则逸居”，揭示了视力残疾人几乎不具备工作能力，生活没有保障，无法参与社会活动，因而处于无法获得与健全人平等权利的境地。在新中国成立后，政府陆续出台了关于视力残疾人教育、就业以及无障碍出行等各个领域的相关法律法规。特别是在经济蓬勃发展的今天，随着科学水平的持续进步，各项规章制度的不断完善，视力残疾人的教育、就业、出行逐渐向着普及化、多元化、无障碍化发展。

一、视力残疾人的社会需求

视力残疾人同其他人一样，有平等接受教育、参与社会工作以及基本的衣、食、住、行的权利及义务。

（一）视力残疾人的统计数据

据统计，在 2010 年末，全球残疾人数量已超过 6 亿，约占全球总人口的 10%，其中 80% 分布在发展中国家。依据同年第六次全国人口普查的数据，我国总人口约为 13.4 亿，中国残疾人联合会根据我国总人口数及第二次全国残疾人抽样调查我国残疾人占全国总人口的比例和各类残疾人占残疾人总人数的比例，推算 2010 年末我国残疾人总人数约为 8502 万，其中视力残疾人约为 1263 万[1]。按人口以平均每年 45 万增速计算[2]，目前我国视力残疾人约有 1623 万，约占总人口的 1%，意味着大约每 100 人中就有 1 人是视力残疾人。

（二）视力残疾的成因和分级

1. 视力残疾的成因

世界卫生组织（World Health Organization，WHO）2010 年对非洲、美洲、

中东、欧洲、东南亚、西太平洋六个地区的调查报告显示，在全球，导致低视力的主要病因是屈光不正和白内障，所占比例分别是43%和33%，其次是青光眼，占比2%，其他病因如老年黄斑变性、糖尿病引起的视网膜病变、沙眼以及角膜混浊，共占比1%。导致全盲的病因中，白内障占比51%，青光眼8%，老年黄斑变性5%，童年失明及角膜混浊4%，屈光不正及沙眼3%，糖尿病引起的视网膜病变1%，以及不明原因引起的全盲占比21%[3]（图1–1–1）。

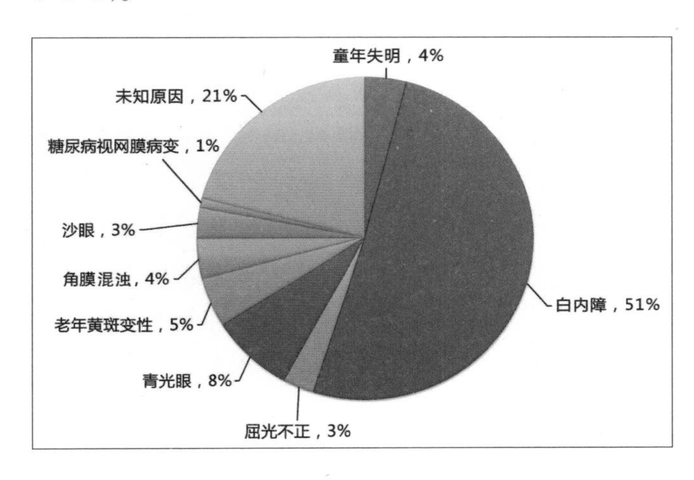

图1–1–1
2010年全球致盲主要病因及所占比例

在我国，白内障是引起成年人视力残疾的首要病因。2013年末江苏泰州的一项研究表明，45岁以上的人群中，引起双侧低视力或全盲的主要病因是白内障，其次是近视性黄斑变性和老年黄斑变性[4]。

导致儿童视力残疾的主要病因为先天/遗传因素。2010年4月，对上海市盲童学校的儿童视力状况及致盲原因调查显示，严重视力损害儿童致盲的主要原因为先天性和遗传性因素，致盲的首要解剖部位为视网膜，首要病因是早产儿视网膜病变。导致一般视力损害的主要病因是先天性白内障[5]。

2015年6月，对哈尔滨盲校的学生进行的调查显示，该校学生的主要致盲原因为先天/遗传因素。致盲原因中，排在第一位的是先天性白内障，包括后发障和术后无晶体眼[6]。除此之外，先天性青光眼、先天性小眼球和视神经视网膜发育不良，仍是儿童致盲的常见原因。

2. 视力残疾分级

依照残疾人残疾分类和分级国家标准，视力残疾定义为各种原因导致双眼视力低下并且不能矫正或双眼视野缩小，以致影响其日常生活和社会参与。视力残疾包括盲及低视力。国家标准按视力和视野状态分级，其中盲为视力残疾一级和二级，低视力为视力残疾三级和四级。视力残疾均指双眼而言，若双眼视力不同，则以视力较好的一眼为准。如仅有单眼为视力残疾，而另一眼的视力达到或优于0.3，则不属于视力残疾范畴。视野以注视点为中心，视野半径小于10度，不论其视力如何均属于盲。视力残疾分级见附表1[7]。

（三）视力残疾人的教育

1. 发展历史

视力残疾人无法依靠视觉来接受来自外界的信息，所以必须运用其他感觉器官来接受教育，很多视力残疾人由于缺乏适当的帮助和支持，无法获得正规的教育，也很难通过工作获得收入，对其家庭成员往往是比较重的负担。对于先天残疾或幼年失明的孩子，极少数的父母在得知孩子残疾后甚至直接将孩子遗弃。与成年残疾人相比，残疾儿童无论是心理上还是生理上，都需要人们更多的关心和爱护。为了加强残疾儿童的自我保护意识，提高残疾儿童的文化水平，针对残疾儿童的教育势在必行。视力残疾人教育，是特殊教育的一种。1784年，胡威（ValentinHauy）在巴黎创建了世界上第一所盲校[8]。1874年，英国传教士威廉·穆瑞［图1-1-2（左）］在北京甘雨胡同创办的“瞽叟通文馆”，标志着近代中国视力残疾人教育的开端。1920年，学校迁址恩济庄，改名“启明瞽目院”［图1-1-2（中）；图1-1-2（右）］。1954年8月，学校由北京市人民政府接管，成为现在的“北京市盲童学校”。

自“北京瞽叟通文馆”起，特殊教育机构如雨后春笋般陆续产生，特殊教育条例逐渐起草并出台，特殊学校制度体系逐步建立。1927年10月3日，“南京市立盲哑学校”正式成立，是中国第一所公立特殊学校，这标志着中国特殊教育制度进入形成期，在此期间特殊教育又有了新的发展：特殊教育法律出台，学制体系形成，教育行政权力向政府集中，专门教育机构多样发展，培养目标与课程体系向普通教育靠拢，学者开始研究特殊教育。1947年出台的《改进全国盲聋哑教育计划草案》与《盲人学校及盲哑学校规程（草案）》更是直接推动了特殊教育制度初步形成[9]。1951年，原政务院在《关于学制改革的决定》中，把特殊教育纳入新中国国民教育体系。1982年新修订的《宪法》规定“国家和社会帮助安排盲、聋、哑和其他有残疾公民的劳动、生活

图 1-1-2
瞽叟通文馆的创办人威廉·穆瑞（左），启明瞽目院的学生在学习（中），启明瞽目院的女学生（右）

和教育”，确立了国家作为残疾人特殊教育福利的责任主体地位，为特殊教育的未来发展提供了法律依据。

1989 年，国务院办公厅转发了国家教委等八部委《关于发展特殊教育若干意见》，确立了发展特殊教育的基本方针：着重抓好初等教育和职业技术教育，积极开展学前教育，逐步发展中等教育和高等教育。遵循贯彻普及与提高相结合，以普及为重点的原则。同时，提出在聋童学校和普通小学附设盲童班，或吸收掌握盲文的盲童在普通小学随班就读的新形式。

1990 年颁布的《中华人民共和国残疾人保障法》明确规定“国家保障残疾人受教育的权利”和“实行普及与提高相结合、以普及为重点的方针，着重发展义务教育和职业技术教育，积极开展学前教育，逐步发展高级中等以上教育”。特殊教育作为国家保障残疾人受教育权利的主要手段从法律层面进一步得到确认。1994 年发布的《残疾人教育条例》作为首部专门性特殊教育行政法规，将特殊教育学校、特殊教育班和随班就读确定为三种主导特殊教育模式，以普及义务教育为重点并向上下扩展至学前、高中与高等教育的特殊教育发展原则得以明确[10]。

此后二十多年，随着国家法律法规不断完善，我国特殊教育事业得到迅猛发展，目前已建立了比较成熟的特殊教育体系。

2. 视力残疾人职业教育

党的十一届三中全会以来，我国经济建设取得了举世瞩目的成就，视力残疾人的职业教育得到社会越来越多的关注。我国视力残疾人职业教育主要包括按摩保健与钢琴调律。针对视力残疾人开设的按摩职业教育已经具备了

图 1-1-3　北京市盲人学校

系统性、完整性、独立性的专业教育模式[11]。以北京市盲人学校（图 1-1-3）为例：

北京市盲人学校前身“瞽叟通文馆”,1985 年更名为“北京市盲人学校”，直属北京市教委管理。2006 年 7 月，原北京物资储备职工中等专业学校与北京市盲人学校合并，组建新北京市盲人学校。目前学校在职教工 140 余人，在校注册学生近 300 人，随班就读指导学生近 80 人。教学学段涵盖幼儿、小学、初中、普通高中和职业高中，同时承担市内送教上门和随班就读指导工作。学校秉持“以德立校、以爱育心、教育康复、个性发展”的办学理念，贯彻“博爱奉献、团结协作、创新有为”的精神，努力提高教育教学质量和科研水平，形成了教育、科研、培训、服务“四位一体”的办学模式。在职业教育方面，开设中医康复保健专业及乐器修造专业（钢琴调律方向）相关课程，其中，在钢琴调律职业教育方面，培养了我国第一位视力残疾人女调律师陈燕及行业优秀调律师冯瑞。

北京市盲人学校的中医康复保健专业（2011 年按照北京中招的统一要求，专业名称由原针灸推拿专业改为中医康复保健专业）至今已有四十余年的发展历史。1966年，学校创办第一期盲人按摩培训班；1987年举办了当时在全国有重要影响的老山前线盲残军人按摩培训班；1988年经市教委批准学校成立针灸推拿专业职业中专；1999年成立北京市健桥职业技能培训学校，面向社会开始进行短期技能培训；2002年建立营业面积500平方米专业实训基地——北京健桥盲人按摩中心；2006年开办二年制成人中专；2008年、2013年专业教师团队两次被授予北京市职业院校创新团队称号，北京市中等职业学校示范专业。依托团队的力量，在专业建设、校本教材、教育教学、师资队伍建设等多个方面不断努力，形成多项教学成果。

中医保健专业紧密结合市场需求，在广泛市场调研的基础上，开设了四类课程，即公共基础课程、核心课程、校本课程、毕业实习四个方面。课程的定位首先保证开齐开足按摩师职业资格要求相关课程，如保健按摩、足部按摩、流行技法，保证学生顺利取得职业资格证书；其次按照《全国盲人医疗按摩资格考试大纲》的要求，开设实用正常人体学、经络腧穴学、伤科按摩学、内科按摩学等《大纲》要求的统一课程，以保障学生通过盲人医疗按摩资格考试。此外，课程设置上同时注意加强文化课学习内容，以利于学生今后升学深造。

3. 视力残疾人普通高等教育

1985年，教育部多部门联合发布《关于做好高等学校招收残疾青年和毕业分配工作的通知》，要求“高等学校在全部考生德智条件相同的情况下，不能因残疾而不予录取”，为视力残疾人高等教育的产生奠定了重要的制度基础[12]。在此之后，视力残疾人学生得以以单招单考的形式进入一些院校的特殊教育系学习。国务院2012年6月28日发布的《无障碍环境建设条例》明确规定“县级以上人民政府及其有关部门发布重要政府信息和与残疾人相关的信息，应当创造条件为残疾人提供语音和文字提示等信息交流服务。国家举办的升学考试、职业资格考试和任职考试，有视力残疾人参加的，应当为视力残疾人提供盲文试卷、电子试卷，或者由工作人员予以协助”。2014年3月28日，教育部发出《关于做好2014年普通高校招生工作的通知》，再一次强调“各级考试机构要为残疾人平等报名参加考试提供便利。有视力残疾人参加考试时，为视力残疾人考生提供盲文试卷、电子试卷或由专门工作人员予以协助”。同年6月的高考，我国首次使用视力残疾人试卷，共有3名考生参加，其中1人被录取。2015年全国共有6个省（区、市）的8名盲生参加高考，其中7人被普通高校录取（6名本科，1名专科）。2015年4月21日，教育部、中国残疾人联合会印发了《残疾人参加普通高等学校招生全国统一考试管理规定（暂行）》，并于2017年4月7日印发了修订后的版本。近年来，越来越多的全盲考生和有光感的低视力考生通过普通高考进入高等学校的普通专业进行学习深造。

与此同时，为了满足视力残疾人语文权利的实现和语言生活的需要，也为了进一步完善和规范视力残疾人高考制度，在经历了多个版本的不断改革与规范后，随着《国家手语和盲文规范化行动计划（2015—2020年）》的制定实施，“国家通用盲文标准”的重大课题成果《国家通用盲文方案》在全国范围内通过两年多试行完善，经国家语言文字工作委员会规范标准审定委员会审定，由教育部、国家语委、中国残联联合发布，在2018年7月1日正式推广[13]。

（四）视力残疾人的就业

残疾人的就业安排问题被列入议事日程，并以政策法律的形式加以调整和规范，最早应在西周时期。据《周礼·春宫》记载，宫廷乐队中的乐手有很多席位是由视力残疾人担任的[14]。

1920年美国制定的《职业康复法》是世界上第一部专门针对残疾人就业的法律；1944年，英国出台《残疾人就业法案》，规定达到或超过20名雇员的雇主必须至少雇用3%残疾人。这是第一个提出按比例安排残疾人就业政策的立法，被包括我国在内的世界各国广泛接受。我国《残疾人保障法》明确规定，机关、团体、企事业组织、城乡、集体经济组织，应当按照一定比例安排残疾人就业，并为其选择适当的工种和岗位。虽然由于各地经济社会发展水平不一，具体的比例也各有不同，但是按比例就业的政策已经在全国范围内普遍施行[15]。

视力残疾人可选择的岗位较多，但是一直以来缺乏相应的就业指导以及职业技能培训，导致视力残疾人职业多元化受限，这也在一定程度上决定了绝大多数视力残疾人只能终生从事按摩工作。在我国，超过90%的视力残疾人选择按摩作为其一生的职业。而在西方发达国家，视力残疾人可以从事诸如公务员、教师、心理学家、雕塑师、法官、工人等各种各样的职业[16]。在美国，视力残疾人可从事的职业有167种[17]。韩国早在1913年就施行法律，规定按摩师及按摩院牌照只发给视力残疾人，以保障视力残疾人的就业渠道[15]。韩国的这一做法无疑减少了按摩领域的竞争，在很大程度上减轻了视力残疾人的生存压力。我国自21世纪初开始，视力残疾人的按摩收入锐减，月收入从数万元降到几千元不等，其中主要的原因在于，越来越多的非视力残疾人也加入了这一领域，按摩行业已接近饱和。加上有些按摩院打着盲人按摩的旗号，从事违法色情服务，抹黑了盲人按摩在大众心目中的形象，使得老百姓转而投向非盲人按摩院。此外，视力残疾人由于自身局限性，很难像健全人一样与时俱进、充电进修，这使得视力残疾人的按摩机构失去市场竞争力，导致营业额下降，收入降低。

在市场经济的当代社会，视力残疾人就业多元化是历史的必然选择。随着科技进步，视力残疾人不仅可以阅读（借助助视器、盲人眼镜等设备）、外出工作（借助盲杖、导盲犬等设备），还可以独自旅行（借助无障碍设施等）。随着视力残疾人逐渐获得与健全人平等的权利，过去无法想象的事情今天可以一一实现。我国的基础设施建设正在不断完善，与老年人及残疾人等弱势群体相关的法律法规也日益健全。随着视力残疾人普通高等教育政策的实施，以及视力残疾人素质和自身文化水平的提高，越来越多的职业，如表演艺术家、作家、公务员、运动员、商人、律师、心理咨询师和电台主持人等成为视力残疾人新的就业选择。可以预见，视力残疾人的需求对比过去将越来越多，这也将正向刺激着辅助视力残疾人日常生活的科技手段日益创新，促使政府不断完善法律法规，加强无障碍环境建设。2017年12月13日，中国残联工业和信息化部《关于支持视力、听力、言语残疾人信息消费的指导意见》中指出，互联网企业应积极主动为视力、听力、言语残疾人从事网络创业、电商交易提供支持，给予费用优惠。各通信管理局要指导协调当地互联网企业，为从事互联网行业的视力、听力、言语残疾人在技能培训、运营管理、物流仓储、信息共享、产品销售等方面提供便利。

二、视力残疾人的社会贡献

视力残疾人受自身条件所限，想要取得一定的成就往往要受到较健全人百倍千倍的阻力。即便如此，随着社会保障制度的日益完善，视力残疾人克服重重困难，走出家门，走进社会，无论是坚守工作岗位，还是开创自己的事业，都可以充分平等地参与并融入社会生活，使得越来越多的人看到视力残疾人这个群体对整个社会的贡献，从而摘掉有色眼镜，正视视力残疾人的价值。

“一级战斗英雄”“全国十大杰出青年”史光柱在老山战役中受伤失去双眼。1985年，史光柱以战斗英雄的身份应邀参加春晚，由他作词并演唱的《小草》感动了无数人，使他成为了一代人的精神偶像。他热心公益事业，用积攒的稿费成立了北京助残爱心公益促进会，扶持英烈，关爱弱势群体，仅他个人救助的人员就多达2000余人。他还资助了400多名视力残疾人，帮助和鼓励他们努力生活和创业。

视力残疾人企业家水巨洋自1995年开始，在创业的同时不忘帮助困难残疾人，他给重度残疾人发生活费和过节费，年复一年地为当地残疾人添置轮椅，截至2017年，他已累计捐赠轮椅超过500辆。2007年7月抗洪抢险，2008年5月汶川地震……在天灾面前，每一次，水巨洋都是率先站出来，不是捐款就是捐物。

1998年12月26日，盲人按摩师颜昌玉在宜昌市残联的帮助下，与妻子开办“布耐德按摩厅”。在按摩厅创业取得成功后，他与市残联合作，开设残疾人按摩培训班。15年来，共办班33期，免费培训出1792名合格的残疾人按摩师，95%以上的学员都实现了成功就业。

刘芳是贵阳市白云区第三中学的一名视力残疾人教师，曾是一名深受学生们喜爱的语文老师。1997年，26岁的刘芳突然被确诊患发病率为百万分之一的视网膜色素变性。患病后，她坚守在自己的三尺讲台，因为视力越来越差，便背下了语文课本上所有的文言文，把全部重点难点都记在心里。彻底失明后，被调离了原来岗位的刘芳做起了学生的心理辅导老师，继续用温暖的心灵化解学生们的烦恼，竭尽所能地解决学生们的困难。

除了前面提到的四位视力残疾人，优秀的视力残疾人还有很多很多。他们中既有热衷于慈善事业的民族企业家，也有为国争光的残疾运动员、技艺精湛的表演艺术家，以及许多从事心理医生、律师、杂志社编辑、公务员等职业的杰出人物。与过去不同的是，多数视力残疾人都能找到一份赚钱糊口的工作，而不是足不出户靠家人养活。无论是这些努力工作自力更生的“普通人”，还是那些“榜样”“名人”，视力残疾人都在尽自己的能力默默为社会贡献力量，也为整个视力残疾人群体赢得了来自社会各界的认可和尊重。

三、保障视力残疾人合法权益的法律法规

同健全人一样，视力残疾人也具有独立的人格和重要的社会价值，除了基本的生活需求外，视力残疾人也有参与社会活动、与健全人共享社会物质文化成果的高层次需求。因此，在社会主义精神文明建设的要求下，我们必须重视能够保障视力残疾人需求的社会福利问题。而视力残疾人社会福利问题的根本支撑就是国家提供的坚实的法律法规保障。

（一）国外视力残疾人立法情况

国际上保障残疾人权益的立法，从 20 世纪初开始，二战后逐步发展。目前，已有 132 个国家和地区制定了有关残疾人的法律。

联合国大会通过的保障残疾人权益的文件、决议中，涉及视力残疾人权益的有《禁止一切无视残疾人的社会条件的决议》《残疾人权利宣言》《关于残疾人恢复职业技能的建议书》《残疾预防及残疾人康复的决议》《开发残疾人资源的国际行动纲领》。1982 年，第 37 届联合国大会通过《关于残疾人的世界行动纲领》（我国政府予以接受并响应）。1983 年，国际劳工大会通过《残疾人职业康复和就业公约》（已经全国人大常委会批准）。其他国家和地区也制定了一系列保障视力残疾人权益的法律。以美国和日本为例：美国于 1920 年制定《职业康复法》，随后陆续颁布了《康复法》《建筑无障碍法》《残疾儿童教育法》《关于处于发展阶段的残疾人法案》等，1990 年 6 月颁布了《美国残疾人法》，美国颁布的法律，通常还附有配合实施的各类标准及细则；日本于 1970 年颁布《残疾人对策基本法》，作为保障残疾人的基本法，还制定了《残疾人福利法》《残疾人教育法》《残疾人雇用促进法》《残疾人职业训练法》《特殊儿童抚养补贴法》《战伤病者特别援助法》《残疾人福利协会法》《精神卫生法》等十几个具体领域的法律，形成了较完备的法律体系[18]。

（二）我国保障视力残疾人合法权益的法律法规

1. 我国保障视力残疾人合法权益的法律

《中华人民共和国残疾人保障法》是 1990 年 12 月 28 日第七届全国人民代表大会常务委员会第十七次会议通过，2008 年 4 月 24 日第十一届全国人民代表大会常务委员会第二次会议修订，2008 年 4 月 24 日中华人民共和国主席

令第三号公布，自2008年7月1日起施行的我国第一部发展残疾人事业、保障残疾人权益的基本法。自颁布实施以来，对促进残疾人事业发展和残疾人权益保障发挥了重要作用。

我国出台的法律中，提到保障视力残疾人合法权益有关规定的，主要有：《宪法》《全国人民代表大会和地方各级人民代表大会选举法》《民法通则》《民事诉讼法》《刑法》《刑事诉讼法》《治安管理处罚法》《劳动法》《合同法》《婚姻法》《收养法》《继承法》《母婴保健法》《义务教育法》《妇女权益保障法》《未成年人保护法》《老年人权益保障法》《个人所得税法》《保险法》《兵役法》《教育法》《高等教育法》《职业教育法》《律师法》《体育法》《产品质量法》《国家赔偿法》《广告法》《消费者权益保护法》《公益事业捐赠法》《预备役军官法》《国防法》《归侨侨眷权益保护法》《消防法》《人民警察法》《监狱法》《澳门特别行政区基本法》《行政处罚法》《行政复议法》《森林法》《信托法》《人口与计划生育法》《职业病防治法》《现役军官法》《农业法》《道路交通安全法》《合伙企业法》《公司法》《票据法》《仲裁法》《中华人民共和国中医药法》《中华人民共和国慈善法》《中华人民共和国著作权法》《中华人民共和国邮政法》等。

2. 我国保障视力残疾人合法权益的法规

国务院发布的有关保障视力残疾人权益的法规主要有《无障碍环境建设条例》《残疾人就业条例》《残疾预防和残疾人康复条例》《残疾人教育条例》。

提出保障视力残疾人合法权益的有关规定的条例有《农村五保供养工作条例》《中国人民解放军文职人员条例》《军队参加抢险救灾条例》《疫苗流通和预防接种管理条例》《军人抚恤优待条例》《检察人员纪律处分条例（试行）》《中华人民共和国道路交通安全法实施条例》《突发公共卫生事件应急条例》《公共文化体育设施条例》《工伤保险条例》《医疗事故处理条例》《计划生育技术服务管理条例》《草原防火条例》《中华人民共和国城镇集体所有制企业条例》《学校体育工作条例》《森林防火条例》《退伍义务兵安置条例》《城市居民最低生活保障条例》《公共场所卫生管理条例》《中华人民共和国耕地占用税暂行条例》《革命烈士褒扬条例》《征兵工作条例》《艾滋病防治条例》《中华人民共和国营业税暂行条例》《中华人民共和国增值税暂行条例》《中华人民共和国城乡个体工商业户所得税暂行条例》《法律援助条例》《信息网络传

播权保护条例》《公共文化体育设施条例》等。

2015年1月22日，中国民航局修订实施了《残疾人航空运输管理办法》，在购票、乘机、空中服务、轮椅使用、助残设备存放、服务犬运输、信息告知等方面，对残疾人航空运输服务做出了系统规定，完善了我国民航现行法规政策。

2016年8月3日，依据《中华人民共和国残疾人保障法》和《中华人民共和国国民经济和社会发展第十三个五年规划纲要》，国务院印发并实施了《"十三五"加快残疾人小康进程规划纲要》，明确提出"十三五"时期，加快推进残疾人小康进程的四点主要任务：保障残疾人基本民生，大力促进城乡残疾人及其家庭就业增收，提升残疾人基本公共服务水平，依法保障残疾人平等权益。

2018年3月26日，视力残疾人歌手周云蓬在银行办理借记卡时，被银行工作人员以"没有民事行为能力"为由，拒绝为其办理业务。类似的不公正待遇，很多视力残疾人在日常生活中都曾经历过，探究其根本原因，一方面源于人们对视力残疾人的接纳不够，另一方面源于人们法律知识的欠缺。我国在保障视力残疾人权益的法制建设方面虽然日趋完善，但是其重心在残疾人的公法权利，对于残疾人的民事权益覆盖较少，这就需要我们贯彻民法基本理念，对残疾人的民事权益进行切实有效的特殊保护[19]。除在法律和权益方面对残疾人提供保障以外，还需要全社会对残疾人提供更多的人文关怀。如设立国际残疾人日（每年12月3日）、全国助残日（每年五月第三个星期日）等，让关爱残疾人成为全社会应知的理念。

第二节　视力残疾人的无障碍出行

一、视力残疾人的无障碍公共设施

根据2017年12月中国消费者协会与中国残疾人联合会发布的《2017年百城无障碍设施调查体验报告》，无障碍设施，是指为保障残疾人、老年人、伤病人、儿童等人群和其他社会成员的通行安全和使用便利，在道路、公共建筑、居住环境和居住区等建设工程中配套建设的服务设施。建设无障碍环境，既是保障残疾人、老年人等群体独立自主、安全出行的基础，也是消费者放心消费、平等参与社会生活的重要条件，更是社会文明进步的重要标志。

我国视力残疾人无障碍出行的设施主要包括盲道和盲文公交站牌等。

（一）盲道（Tactile Paving）

盲道是一种表面有纹路的地面指示系统，常见于人行道、楼梯以及火车站台，用于辅助视力残疾人行走，是最常见的视力残疾人无障碍基础设施。盲道提供了一种能被盲杖（White Cane）或足底识别的特殊表面图案，包括截断圆顶、圆锥体以及条状结构等形式，主要功能是提示视力残疾人注意路口、有危险的路面以及地面坡度的变化。

世界上第一条盲道于1967年在日本的冈山市投入使用，在被日本铁路采用后，盲道被迅速地传播开来。1985年，盲道被正式命名为“视障人士的危险指引”。20世纪后期，盲道通过了美国残疾人法案的要求，英国、澳洲、美国先后制定了盲道的国家标准。随后，加拿大把盲道并入交通运输中，并在21世纪初正式加入到建筑环境的内容中。如今，盲道已经在世界范围内广泛应用。

1. 盲道的设计规范

我国有关部委在1988年联合颁布了《方便残疾人使用的城市道路和建筑

物设计规范》(JGJ50—88)，1991 年北京建成国内首条盲道，2001 年《方便残疾人使用的城市道路和建筑物设计规范》(JGJ50—88)被重新修订并更名为《城市道路和建筑物无障碍设计规范》(JGJ50—2001)(以下简称《设计规范》)，作为行业强制性标准被列入新建、改建道路的盲道设计、施工和验收标准之中[20]。

在《设计规范》中，将盲道定义为在人行道上铺设一种固定形态的地面砖，使视力残疾人产生不同的脚感，诱导视力残疾人向前行走和辨别方向以及到达目的地的通道。盲道主要有两种类型，分别是行进盲道和提示盲道(图 1–2–1)：

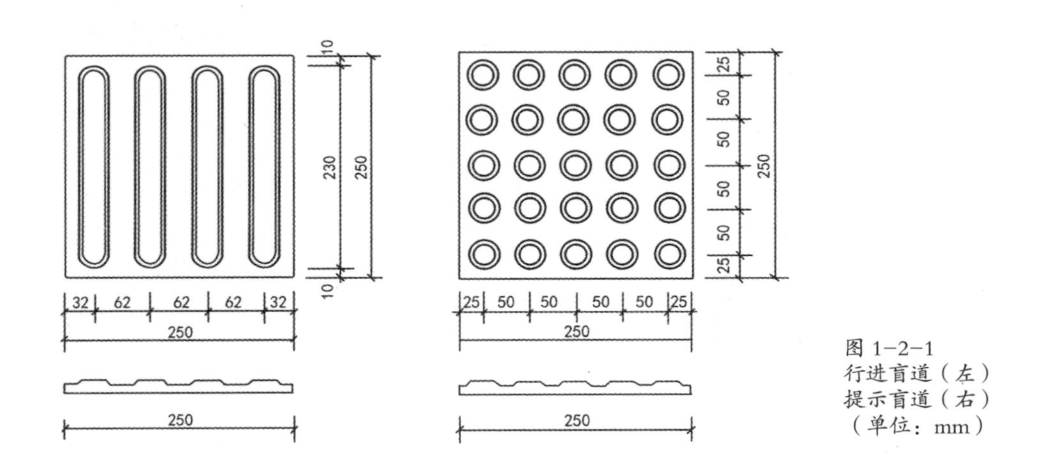

图 1–2–1
行进盲道(左)
提示盲道(右)
(单位：mm)

(1)行进盲道。

表面上设条状凸起，指引视残者可直接向正前方继续行走。

(2)提示盲道。

表面上设圆点状凸起，用在盲道的拐弯处、终点处和表示服务设施的设置等，具有提醒注意的作用。

根据《设计规范》，行进盲道和提示盲道需要符合尺寸与设置上的若干规定。

盲道的铺设(图 1–2–2)，在城市道路、城市广场、城市绿地、居住区、居住建筑、公共建筑及历史文物保护建筑无障碍建设与改造六个方面均有具体的要求。

图 1-2-2
车站内铺设的盲道

2. 盲道的使用现状及原因分析

盲道作为我国无障碍建设中普及最广的设施，几乎遍布我国的城市街头，然而，视力残疾人却很少使用盲道，也几乎从不依靠盲道独自出行，这使得盲道几乎形同虚设。分析这一现象产生的原因，主要包括下列几点：

（1）盲道的铺装存在问题。

设计师和施工人员没有严格按照《设计规范》来设计铺设盲道，其中一种情况是提示盲道和行进盲道未按功能铺设，使视力残疾人不能正确分辨前方道路情况，还有一种情况是有的施工人员在最初铺设盲道时，没有避开电线杆、井盖、花坛、公交站牌等公共基础设施，为视力残疾人使用盲道设置了障碍。此外，有的盲道铺设随意，盲道砖排列成特定形状的图案，使盲道失去了它的职能，盲道砖变成路面美化砖。

（2）盲道被占现象严重。

目前盲道被占的现象有私家车在盲道上违规停车，小商贩在盲道摆摊卖货，居民在盲道上堆积私人物品等。这些现象增加了视力残疾人使用盲道出行的难度，也加大了视力残疾人出行的危险性。

（3）管理制度不完善。

盲道铺设完毕后，盲道砖在使用过程中容易发生消耗性磨损，或因外界压力发生碎裂的情况，由于相关部门没有建立起完善的后续管理制度，致使盲道砖不能及时更换，给视力残疾人的使用造成极大不便。

铺设广，使用少，这是当前我国盲道的应用现状。解决盲道使用率低的问题是我国推进无障碍建设非常重要的一环。首先需要呼吁公众给予视力残疾人群体更多关注，为视力残疾人的出行及参与社会活动尽可能提供便利，如不占用盲道、当视力残疾人使用盲道时主动绕行等；其次，政府相关职能部门应严格规范盲道铺设，避免出现盲道铺设路径与公共基础设施冲突的问题，同时应加强监督管理工作，确保视力残疾人安全高效地使用盲道。在世界上的一些发达国家和地区，盲道已经开始有语音提示或与相关引路 APP 配合，这值得我国借鉴学习[21]。

（二）盲文公交站牌（Braille Bus-stop Board）

《设计规范》中提到的另一个常见视力残疾人无障碍设施为盲文站牌。以公交车站为例，《设计规范》要求：站台距路缘石 250 毫米—500 毫米处应设置提示盲道，其长度应与公交车站的长度相对应；当人行道中设有盲道系统时，应与公交车站的盲道相连接；宜设置盲文站牌或语音提示服务设施，盲文站牌的位置、高度、形式与内容应方便视力残疾人的使用。

2016 年 5 月 25 日，北京首个盲文公交站牌（图 1-2-3）亮

图 1-2-3
北京首个盲文公交站牌

相。该盲文公交站牌位于北京市西直门公交车站，盲文站牌较普通公交站牌略矮，高度约 1.7 米，主要材质为不锈钢，上面刻有盲文，在站牌下方围绕站牌铺设了盲道[22]。

盲文站牌设立了，却很少有视力残疾人使用，原因主要有三点：其一，视力残疾人的活动范围主要取决于日常的工作生活路线，因为较少走不熟悉的路线，所以很少有机会接触使用，甚至有些视力残疾人并不知道盲文站牌的存在；其二，盲文公交站牌若要发挥作用，离不开盲道的配合指引。现阶段我国的盲道使用也存在很多问题，导致出现视力残疾人找不到盲文公交站牌的情况；其三，有些盲文公交站牌被人用共享单车或其他私人物品包围遮挡，视力残疾人无法靠近。

如何完善盲文公交站牌为视力残疾人提供乘车信息是无障碍建设相关部门的下一步工作。自 2006 年开始，有些城市已经开始使用带有语音播报功能的电子站牌，随着科技的进步，视力残疾人出行中的信息障碍情况必将显著改善。

（三）其他视力残疾人无障碍公共设施

政协十三届全国委员会第一次会议第 1207 号（社会管理 091 号）提案答复函在第四条提到，自 2012 年以来，交通运输部先后在全国 87 个城市开展公交都市建设示范工程，推动各地加快智能公交建设，鼓励各地通过语音和文字提示、盲文等多种方式，为残疾人、老年人等群体提供出行信息服务。目前，全国大部分城市均配备了车载 LED 显示和语音报站系统，一些城市公交车安装了车载导盲系统，为视力残疾人配送导盲终端机。

中国残联维权部权益处处长张东旺在对全面推进城乡无障碍环境建设、为残疾人实现融合发展奠定基础——国务院《“十三五”加快残疾人小康进程规划纲要》无障碍环境建设的解读中提到，2011—2015 年，全国共对 67.5 万户残疾人家庭进行了无障碍改造。家庭无障碍设施的改造内容并不复杂，一般包括：地面平整及坡化、低位灶台（视力残疾人家庭灶台有煤气泄漏报警装置）、房门改造、坐便器改造、安装卫生间热水器、扶手或抓杆（洗手池扶手、坐便器扶手、淋浴扶手）、浴凳及改善残疾人家居卫生条件的其他设施等。

根据交通运输部等《关于进一步加强和改善老年人残疾人出行服务的实

施意见》第三条第七部分，“在铁路客运站、汽车客运站、客运码头、民用运输机场、城市轨道交通车站、城市公共交通枢纽等场所及交通运输工具上提供便于老年和残疾乘客识别的语音报站和电子报站服务，依据相关标准要求完善站场、枢纽、车辆设施的盲文标志标识配置、残疾人通讯系统、语音导航和导盲系统建设，积极推广应用微信、微博、手机 APP、便民热线预约服务等创新方式，为老年人、残疾人提供多样化、便利化的无障碍出行信息服务。”

相较于其他残疾人身体功能的特殊性，视力残疾人往往是无障碍环境设计中经常被忽略的一个群体。而对于视力残疾人本身而言，完善的无障碍环境建设将大大降低他们出行的难度，不仅使视力残疾人的基本生活需要得到满足，也在一定程度上增加了视力残疾人的社会活动参与情况，从根本上改善视力残疾人的生活质量，使视力残疾人获得与健全人平等的出行、工作、社交等权利。

二、视力残疾人无障碍出行的方式

支持视力残疾人无障碍出行的常见方式主要包括盲杖和导盲犬。

（一）盲杖（White Cane）

盲杖是辅助视力残疾人出行的传统工具。通过使用盲杖，视力残疾人能够探查周围 1.2 米附近的路面障碍以及确定自己的方位。许多国家规定盲杖的杖身必须是白色的（图 1-2-4），以此来增加盲杖的可见性，同时提示其他行

图 1-2-4
视力残疾人使用盲杖走在行进盲道上

人持杖人是一位视力残疾人士，必要的时候可以提供适当的帮助。

1. 盲杖的种类

国际上，盲杖的种类主要包括长杖、引导杖、身份标识杖、支撑杖、儿童杖以及绿杖。

（1）长杖（Long Cane）。

长杖是传统的盲杖，也被叫作“Hoover”杖，是以 Richard Hoover 博士命名的，主要为视力残疾人设计用来探测行走中道路上的障碍。杖的长度取决于使用者的身高，一般长度为地面到胸骨的距离。有些机构推荐使用更长的盲杖。

（2）引导杖（Guide Cane）。

引导杖比长杖短，一般长度为地面到使用者腰部的距离，在视力残疾人行走中的功能较有限，主要用来探查路基以及台阶。引导杖可以以对角的方向放置于胸前起保护作用，同时提醒视力残疾人前方的人士进行避让。

（3）身份标识杖（Identification Cane）。

这种盲杖主要用来提醒其他人持杖人有一定程度的视力损伤。往往比长杖更轻更短，不具备帮助视力残疾人行走的功能。

（4）支撑杖（Support Cane）。

白色支撑杖主要为视力残疾者提供身体的稳定支撑。白色支撑杖的颜色使得它能够提示使用者的身份。在视力残疾人行走时，支撑杖的功能比较有限。

（5）儿童杖（Kiddie Cane）。

儿童杖和成人的长杖功能相同，区别在于专为儿童使用。

（6）绿杖（Green Cane）。

在有些国家，绿色的手杖由低视力者使用，而白色手杖由全盲人士使用。

有辅助行走功能的盲杖通常由铝和石墨增强塑料（或其他纤维增强塑料）来制作，根据使用者的喜好设置各种各样的尖端。盲杖可以是笔直的或可折叠的，各有利弊。美国盲人联合会证实，更轻更长的笔直盲杖能更好地辅助使用者行走，也更加安全，而折叠盲杖在拥挤的地方如教室或公共场所中更便于存放。

2. 我国盲杖的标准和规范

我国于1997年出台的盲人手杖标准虽然规范了盲杖的分类和规格尺寸，但由于缺少技术性能指标要求，不能有效指导生产和为监督检验提供技术依据。新标准《盲杖技术条件》已于2009年3月16日由国家质量监督检验检疫总局和国家标准化管理委员会批准发布，2009年9月1日正式实施。新标准起草组通过广泛收集国内外有关盲杖资料，多方听取残疾人意见，在原标准的基础上增加了大量的技术性能指标。如盲杖静载强度、疲劳强度、手柄、杖尖、折叠部件、反光膜和成品等要求和相应的检验方法，并专门购置、生产了相关的试验设备，对新增加的技术性条款逐项试验。

新标准的发布实施对规范市场、保障盲杖质量起到了积极的作用。在新标准的指导下，国内的盲杖研发和生产单位将更加严谨而有效地开展盲杖及相关产品的研发和生产工作，以便更好地为视力残疾人服务。

（二）导盲犬（Guide Dog）

导盲犬是应用犬行为学原理，结合视力残疾人的特征，培训为协助视力残疾人安全出行的工作犬。导盲犬是视力残疾人的“眼睛和助手”，导盲犬具备引领视力残疾人躲避障碍、找到目的地、过马路、找座位、安全上下楼梯等能力，在协助视力残疾人安全出行的同时，还是视力残疾人的忠诚伙伴和情感寄托，是其他工具无法比拟的。在我国，越来越多的视力残疾人选择导盲犬来协助自己出行。

1. 导盲犬的起源

在罗马赫库兰尼姆遗址中发现的公元1世纪的壁画上有对视力残疾人使用导盲犬的最早的记载。中世纪，亚洲和欧洲也发现了类似的记录。1780年左右，在法国巴黎的一家盲人医院首次尝试培训犬用于导盲工作。1916年8月，为了帮助在第一次世界大战中受伤失明的士兵，德国奥尔登堡诞生了世界上第一所导盲犬培训学校。随后，世界各地陆续开设导盲犬培训学校，数以万计的视力残疾人的生活方式因此发生了改变。

在我国大陆地区，经中国残疾人联合会批准，由大连医科大学和大连市残疾人联合会于2006年5月15日共同组建成立了第一家导盲犬培训机构——中国导盲犬（大连）培训基地（残联函〔2006〕90），填补了我国在这一领域的空白。从此，我国视力残疾人的出行也多了一种选择（图1-2-5）。

图 1–2–5
一位中国视力残疾人与导盲犬

2. 导盲犬的无障碍出行

尽管有些法律条款不允许动物进入餐馆或其他公共场所，但是在许多国家，像导盲犬这样的服务动物是受到法律保护的，也因此可以陪伴它们的使用者进出很多对公众开放的场所。以美国、英国、中国的法律法规为例。

（1）美国

美国残疾人协会禁止任何商业、政府机构，以及其他面向公众开放的机构阻止介助动物进入，除非这些动物有危害公众健康和安全的风险，宗教机构除外。对正在接受训练的动物是否拥有和服役动物同样的权利在各个州有不同的法律规定。此外，公平住房法规定房东允许房客携带借助动物，以及其他种类的介助动物入住。有禁止携带宠物规定的住宅，对此类房客不允许收取额外费用。

（2）英国

英国 2010 年颁布的平等法案为残疾人提供了接受来自商店、银行、旅馆、图书馆、酒吧、出租车、餐馆等与其他人平等服务的权利。提供服务的商家需要为介助动物以及它们的使用者提供住宿并做出合理调整。根据平等法案第 12 部分的规定，出租车司机以及微型出租车司机不可以以任何理由拒绝拉载介助动物以及介助动物的使用者。

（3）中国

2012 年 8 月，我国对《中华人民共和国残疾人保障法》做出修改，提出视力残疾人携带导盲犬出入公共场所，应当遵守国家有关规定。

交通运输部等《关于进一步加强和改善老年人残疾人出行服务的实施意见》要求“各级交通运输主管部门、残联要研究制定出台导盲犬乘坐城市公共交通工具等配套政策，保障持残疾人证、导盲犬工作证、动物健康免疫证明等相关证件的视力残疾人士携带导盲犬进站、乘车，完善交通运输场站、设施以及导盲犬服务配套制度建设”。

铁路主管部门在列车上设置残障人士专座，为符合条件的残疾人预留专票，推进旅客列车无障碍改造，出台了允许视力残疾人携带导盲犬乘坐火车的规定。

在《残疾人航空运输管理办法》中规定，“当使用者与其导盲犬同机旅行时，承运人应提供相应舱位的第一排座位或其他适合的座位。在对视力残疾人进行安全检查时，残疾人及导盲犬应与其他旅客一样接受安全检查。残疾人在订票阶段，需要特别注意时间要求。即视力残疾人需要承运人提供允许携带导盲犬进入客舱的服务时，应在定座时提出，最迟不能晚于航班离站时间前 48 小时。视力残疾人将导盲犬带入客舱，应在登机前为其系上牵引绳索，并不得占用座位和让其随意跑动。同时要确保导盲犬在客舱内的排泄不会影响到客舱的卫生问题。在征得导盲犬客舱内活动范围内相关旅客的同意的情况下，导盲犬使用者可以不为导盲犬戴口罩。除阻塞紧急撤离的过道或区域外，导盲犬应在使用者的座位处陪伴。视力残疾人的座位附近不能容纳导盲犬时，承运人应向其提供一个可容纳导盲犬的座位”。

2016 年 9 月，国家标准化管理委员会批准了《导盲犬》国家标准制定计划。2018 年 5 月，国家市场监督管理总局、国家标准委公布了《关于批准发布〈大型游乐设施安全规范〉等 389 项国家标准、6 项国家标准修改单和 54 项国家标准外文版的公告》（中华人民共和国国家标准公告 2018 年第 6 号），《导盲犬》国家标准（GB/T 36186—2018）列于其中。2018 年 5 月 17 日，国家标准委在京召开重要国家标准发布会，会上《导盲犬》国家标准编制组成员之一对《导盲犬》国家标准做了解读。

图 1-2-6
一位视力残疾人在公共场所使用导盲马

《导盲犬》国家标准的发布彰显了我国的社会发展和文明进步，标志着我国无障碍环境建设水平的进一步提升。但是，国际导盲犬联盟规定，1%以上的视力残疾人使用导盲犬可视为导盲犬的国家普及，相对于我国视力残疾人庞大的数目，目前在训和服役的导盲犬数量远不能满足我国视力残疾人的需求，我国导盲犬工作尚有很大发展空间。

（三）其他视力残疾人无障碍出行方式

1. 导盲马（Miniature Horses）

自 1999 年伊始，经过适当训练的、管教良好的微型矮马（从地面到马肩峰高度< 38 英寸）已经被证实是能安全而可靠地为视力残疾人服务的动物（图 1-2-6）。美国联邦法律允许服役的微型导盲马进入任何公共场所，包括飞机客舱（导盲马将在一处机舱壁安静站立）。微型导盲马服役期通常可达 30 年，寿命一般为 25—35 年，显著长于导盲犬（服役期 8 年，寿命 12—16 年），对于难以承受朝夕相处的导盲犬离世的痛苦的一些视力残疾人而言，这是导盲马的一大优势。此外，微型导盲马在服役期间，每年的开销明显少于导盲犬。对那些对犬毛过敏或者害怕犬的人来说，导盲马不失为一个好的选择。微型导盲马对于虔诚的穆斯林来说是更容易接受的，因为在他们的宗教信仰中，犬是不洁的。尽管视力残疾人对微型导盲马有很可观的需求，由于微型矮马和训导师的缺乏，成功训练一匹导盲马并不容易[23]。

目前，对于微型矮马是否适合协助残疾人还存在争议，反对者认为，由于微型矮马的自然地位属于被捕食者，其内在的战斗或逃跑的天性限制了它们作为辅助动物的使用。此外，在美国，微型矮马在法律上被归入家畜的类别中，从它们的健康方面考虑，其使用者需要为其配备室外的马厩，这要求微型导盲马的使用者必须拥有较大的院子以及适宜的地面。而从实用性的角度来考虑，微型矮马的体型使得使用者不得不放弃乘坐小型汽车出行，在需要连续住在酒店的情况下，微型矮马也存在诸多不便。

2. 智能盲杖（Technological Canes）

普通盲杖只能探查使用者前方的一小块区域，无法帮助使用者避开肩部以上的障碍物，为了解决这一局限性，国内外许多学者研制了安装有一重或多重传感装置的智能盲杖，在很大程度上延伸了可探测障碍物的距离。通常，智能盲杖通过激光或超声波提取与周围环境相关的信息，在接收装置处理好这些信息后，以语音或震动的方式提示使用者前方障碍物的位置和性状。以 iSONIC[24] 为例，它包括探测障碍物的超声传感器，限制探测范围的陀螺仪传感器和测斜仪，探测障碍物颜色的颜色传感器，探测周围环境亮度的亮度传感器，以及处理传感数据的微处理器和电路，最后，还包括一个振动器用以提示使用者有障碍物。

3. 触觉替代视觉系统（Tactile Vision Substitution System，TVSS）

触觉替代视觉系统（TVSS）是指通过图像获取装置来获取本该由视觉器官看到的环境图像信息，以物理刺激的方式使操作者以触觉的方式“看到”周围环境。Brainport 视觉系统（图 1–2–7）是一种通过一个安置在舌头上的电

图 1–2–7
一位女士试戴 Brainport 视觉系统

极阵列感觉信息传递给大脑的技术。此项技术最早是由美国威斯康星大学的Paul Bach-y-Rita研发的，主要用于帮助中风患者建立平衡感。Brainport同样被设计为一种助视器，帮助视力残疾人以多边形或像素的形式“看到”他周围的环境。其原理为被摄像头拍摄到的周围环境信息，通过一个芯片被加工处理后转换成脉冲信号，通过电极阵列，借由舌头，传递给大脑。人类的大脑能够把这些脉冲信号翻译成视觉信号，这些翻译后的信号被重新输送到视觉皮层，从而使使用者能够看到被摄像头提取的周围环境。这与人工耳蜗有点类似，即把电刺激传输到身体里面的一个接收装置。此项技术已于2015年6月18日被美国食品及药物管理局（FDA）批准通过。

4. 基于卫星导航系统的电子设备

全球定位系统（Global Positioning System，GPS）是美国政府所拥有的由美国空军操控的卫星无线电导航系统，该系统结合了卫星及通讯发展技术，定位的基本原理是将高速运动的卫星瞬间位置作为已知的起算数据，采用空间距离后方交会的方法确定待测点的位置。北斗卫星导航系统是我国自主研发的全球定位系统，目前已成功应用于测绘、电信、水利、交通运输、勘探和国家安全等诸多领域[25]。

基于北斗卫星及GPS导航技术，目前国内外学者已研发并申请了多项导盲装置及专利，包括智能盲杖、电子导盲犬、导盲鞋、导盲头盔以及导盲手表等。以我国研发的一款电子导盲犬为例，该研究利用车载导航仪的工作原理，制作出眼镜形式的“电子导盲犬”，通过设置于眼镜架的镜腿、鼻梁等处的障碍识别模块、北斗定位模块、地图导航模块、语音识别模块、信息存储模块等五个功能模块，多模块化功能从多方面方便视力残疾人出行，帮助视力残疾人在行进过程中的定位及对地理状况的识别，便于视力残疾人使用和时时提示引导，减少出行障碍。该产品集障碍识别与地图导航功能于一体，地图导航模块中附加的地图数据编辑和路径录音功能为视力残疾人提供了更加安全的出行条件[26]。

三、视力残疾人的无障碍出行展望

除了少数使用导盲犬的视力残疾人，在人行道、地铁站、商场、餐馆等公共场所，几乎很难看到视力残疾人的身影。视力残疾人依靠现有的公共设施及辅具，难以做到独立安全出行。因此，绝大多数视力残疾人选择尽量少出门，仅在比较熟悉的日常环境中活动。为了体现我国以人为本的科学发展观，国家应采取措施来保障视力残疾人安全出行的基本需求，主要包括建立健全法律制度、加快无障碍环境建设两方面。

（一）建立健全法律制度

2012 年 6 月 13 日，国务院颁布《无障碍环境建设条例》，为城乡无障碍环境建设开展提供法规保障，除此之外，政府还颁布实施了多部保障视力残疾人权益的法律法规。但是，由于我国在残疾人无障碍权益相关法律的制定和实施方面缺乏经验，导致在具体工作的开展过程中存在很多问题。

以导盲犬为例，目前在世界范围内，视力残疾人出行的首选方式是使用盲杖或导盲犬。盲杖存在给视力残疾人打“标签”、无法探查肩部以上障碍，以及无法对远距离障碍物预判等弊端。相较于盲杖，导盲犬具有引导视力残疾人安全独立出行、陪伴视力残疾人成为其心理慰藉，以及因其天然的亲和力使得使用导盲犬的视力残疾人能更好地融入社会活动中等优点，近年来，导盲犬逐渐成为视力残疾人乐于接受的出行手段。2012 年 8 月，我国对《中华人民共和国残疾人保障法》做出修改，提出视力残疾人携带导盲犬出入公共场所，应当遵守国家有关规定。这条规定过于笼统，没有明确具体的操作性规定，对于导盲犬的定性、申请程序、公共服务提供者的权利和义务、视力残疾人的权利义务以及各方违法后的责任追究等问题均无涉及[27]。为了保障视力残疾人使用导盲犬的权利，首先要完善导盲犬资格认证制度，其次要明确视力残疾人使用导盲犬的权利和义务，最后要对拒绝导盲犬的行为制定明确的惩治措施。

（二）加快无障碍环境建设

1. 完善无障碍基础设施

我国于 2012 年 3 月 30 日发布了《无障碍设计规范》，对盲道的设置提出了全面而细致的规定。在实际应用中，盲道存在设计不符合规定、被人为占用与破坏、与公共基础设施衔接不当等问题。这些问题导致视力残疾人在使用中产生疑惑甚至发生危险。为了改善盲道的使用现状，城市建设部门应严谨对待盲道设计方案，路政部门应不定期对盲道进行维修与保护，执法部门对违法占用盲道的行为应加大执法和处罚力度[28]。

2. 增强无障碍信息传递

视力残疾人在获取信息方面的能力最弱，根据《无障碍设计规范》，为了满足视力残疾人的日常生活需要，在公共场所应设置盲文标志、过街音响提示装置和语音提示站台等。然而这些设施在使用过程中存在盲文不规范、视力残疾人“看”不懂、过街音响提示装置不响等问题。政府相关部门应把信息无障碍工作细化分工，加强信息无障碍设施的维护和管理水平，大力推进信息平等，保障视力残疾人平安出行。

3. 提高无障碍文明意识

对视力残疾人的接纳和关爱，体现了一个社会的文明程度。在我国，尽管对视力残疾人的歧视较过去有了很大的改善，但是公众的无障碍文明意识依然很薄弱。由于对视力残疾人的忽视，视力残疾人的出行受到了来自公众的很大阻力。除了占用和破坏盲道等损害无障碍设施的行为，社会对导盲犬的误解和不接纳也给视力残疾人出行带来了极大的障碍。视力残疾人和导盲犬一起出行时，很多公共场所都以“不得携带宠物”为由，拒绝导盲犬的进入。导盲犬不是宠物犬，事实上，导盲犬性情温顺，不会随地大小便，不攻击人，定期接种疫苗，不存在大众认为的咬人、不卫生、传播疾病等问题。在我国，从第一条导盲犬交付使用至今已过去了 12 年，在社会各界志愿者和爱心人士的不懈努力下，人们对导盲犬的接纳程度已经有了很大的改善。然而，提高整个社会的无障碍文明意识，还需政府加大宣传力度，澄清社会公众对导盲犬的误解，鼓励公众为视力残疾人携带导盲犬出行提供便利或帮助。

当前，全球科技迅猛发展，科技创新已经广泛渗透到人们日常生活的各个领域。在视力残疾人辅具研发领域，我国科学家自主研制了盲人眼镜、智能盲杖、电子导盲犬等电子设备，有些技术已经相对成熟并投入市场。可以预见在不久后，随着我国对无障碍环境建设的不断推进，相关法律法规日益健全，公众无障碍意识逐年提升，视力残疾人士的出行将日趋便捷和通畅。

第二章

导盲犬的国内外发展现状

第一节　导盲犬的发展历史

早在古代就有一些传说、画作和书籍记录了犬为人类提供向导服务的内容，但这些记录缺乏考证，难以作为导盲犬为人类服务的证据。最早关于训练犬为视力残疾人提供向导服务的记载是在1819年，由奥地利维也纳的Johann Wilhelm Klein博士提出，但并没有得以有效的实施。人类真正系统地培训导盲犬并投入使用则是始于第一次世界大战开始后，德国医生Gerhard Stalling博士提出培训犬为因战争失明的士兵提供向导服务的想法，并付诸实施。从那以后，导盲犬事业在世界各地蓬勃发展起来。

一、导盲犬的起源

古书中记载的犬为人类提供向导服务的例子可以追溯至公元前100年左右，德国有个盲人国王使用一只犬为其带路。但可能最早的实证出现于公元1世纪（也有记载是公元前6世纪左右）时被毁坏的古罗马赫库兰尼姆古城（因维苏威火山大喷发而埋没的古城）的壁画上，这幅画描绘了一只犬正牵引着一位衣衫褴褛的乞丐行走，以及一位妇人正施舍食物给乞丐。直到中世纪，亚洲和欧洲也出现了一些犬为视力残疾人带路的记录。

然而，试图系统地训练犬为视力残疾人服务的时间是在1780年，地点位于法国巴黎的Les Quinze-Vingts医院。在之后的1788年，来自奥地利维也纳的一位视力残疾人制筛工训练了一只波美拉尼亚丝毛犬为他自己提供引领服务，犬的表现完美，以至于人们经常会质疑他是否真的是盲人。

另外，还有其他一些犬为视力残疾人提供引领服务的记载。

1200年，一幅中国画卷（现存于美国大都会博物馆）中，记录了一位盲人由犬引领（图2-1-1）。

1260年，爱尔兰的一位名叫Bartholomew的人发表的文献中提到了犬为

图 2-1-1
13 世纪中国的绘画（上）
17 世纪荷兰书籍中记录的犬带领盲人的画面（中）
托马斯·庚斯博罗的画作 *A Blind Man Crossing a Bridge*（下）

盲人服务。

1500—1700 年，有相似的文献表明，在 16 世纪前后，发现了更多的关于犬为盲人提供引领服务的木板画、雕刻品、油画（图 2-1-1）。

1715 年，有一首名叫《贝斯纳尔格林的盲乞丐》的歌谣，讲的是一位骑士在一场战争中失明，随后成为了乞丐，他的朋友送给他一只犬为他提供引领服务的故事。

1727 年出生的英国著名画家 Thomas Gainsborough 画过一幅名叫 *A Blind Man Crossing a Bridge* 的画，画的内容是一只犬引领它的主人过桥的情景（图 2-1-1）。

1755 年出生的英国画家 William Bigg 的画作 *The Blind Sailor* 展示的是盲人水手在犬的帮助下穿过窄桥的情景。

1790 年，Thomas Bewick 为他的书《四足动物简史》制作了一些雕刻品，其中一张展示了一只犬带领盲人通过小桥的情景。

1813 年，维也纳知名眼科专家 George Joseph Beer 在 *Das Auge* 杂志上发表了一幅雕刻品，描绘的是前面的人戴着眼镜，而后面的人拿着手杖，并牵着一只犬。他还在自己的著作中强调，早在 1780 年以前就有受过良好训练的犬在 Les Quinze-Vingts 医院为盲人提供服务，因为他在1752年的时候就发现由Chardin画的一幅悬挂在卢浮宫的油画。

1819年，维也纳盲人教育协会的创始人Johann Wilhelm Klein在他的书*Textbook for Teaching the Blind*中提出了导盲犬（Guide dog）的概念，用于帮助和引领盲人，还描述了犬的训练方法，这也是有幸留存下来的最早的关于系统训练导盲犬方法的叙述。作为维也纳盲人教育协会的主管，他在书中描述的训练导盲犬的方法，是使用置于左手的系于犬项圈上的硬质操纵杆代替柔软的犬绳，操纵杆上有一横木，可以对犬发出向哪一侧运动的指令。如今广泛应用的导盲鞍原理与其类似。Klein要求犬不再使用犬链，盲人也不再使用手杖。不幸的是，使用最原始的犬马甲的方法并没有建立，直至接下来的100年的时间里依然没有被使用。

1847年，一位瑞士的盲人Jacob Birrer出版了一本书，描写了他自己在长达五年的时间里，由一条经他自己特殊训练的犬为他提供引领服务的经历。他再次提出使用手杖，但他的理念没有被接受。

1864年，英国作家Anthony Trollope（1815—1882）在他的小说*Can You Forgive Her*（你能原谅她吗）中有这样一段描写：女主人公Glenorca对公爵St. Bungay说："我会一直带领着你，就像小狗带领着盲人一样。"

关于导盲犬的记录虽然寥寥无几，但是也可以说明在很早以前，人们就已经有了利用犬来为视力残疾人提供服务的想法。这些想法虽然未能得以广泛实施，但也为后来导盲犬培训体系的确立提供了思路。

二、导盲犬培训体系的建立

在第一次世界大战前，受理念落后、社会文明程度不够、使用群体较少等原因的影响，导盲犬的正规培训体系一直没有建立起来。而在第一次世界大战开始以后，失明人士的数量急剧增加，这为导盲犬事业的发展催生了新的动力。

一战开始后，许多从前线回来的德国士兵因毒气和弹伤致盲，德国医生Gerhard Stalling博士在一次偶然的机会中萌生了训练犬来为这些失明士兵服务的想法。一天他正陪着一位失明的病人在医院外散步，突然被紧急召回医院，于是他留下他的犬来陪伴病人。当他回来的时候，惊喜地发现他的犬正在认真地照看着病人。Stalling博士因此开始探索训练犬成为可靠向导的方法，并于1916年在奥尔登堡开办了第一家导盲犬学校（图2-1-2）。学校成长很快，并在波恩、布雷斯劳、德累斯顿、埃森、弗莱堡、汉堡、马格德堡、明斯特、汉诺威等地区开办分校，每年可训练多达600只导盲犬。这些学校不仅为退伍军人提供导盲犬，还为英国、法国、西班牙、意大利、美国、加拿大和苏联的盲人提供导盲犬。

1916年10月，世界上第一只导盲犬在奥尔登堡毕业，使用者是德国的一位名叫Paul Feyen的退伍军人（图2-1-2）。

图2-1-2
1916年8月在德国奥尔登堡成立的世界第一所导盲犬学校和同年10月诞生的世界上第一只导盲犬和它的使用者

不幸的是，由于犬质量的降低，学校于1926年关闭。但在1923年，另一家大型导盲犬训练中心在柏林附近的波茨坦成立，这是一家相当成功的训练中心，为训练导盲犬创下了新的纪录，这个训练中心可同时训练100只犬，每月可提供12只毕业犬给盲人使用。在接下来的10年里，这个训练中心共培训导盲犬数千只[29]。

1929年，美国的Dorothy Eustis夫人在访问了波茨坦的导盲犬学校以后，经过不懈努力，在美国新泽西州莫里斯敦建立了美国第一家导盲犬学校——The Seeing Eye（图2-1-3）。1931年，由Dorothy Eustis夫人颁发导盲犬训练资格证书的 Laikhoff 上尉在英国的柴郡建立了英国第一家导盲犬中心——The Guide Dogs for the Blind Association。

图 2-1-3
Dorothy Eustis 夫人和她训练的两只导盲犬 Parole 和 Nancy（1933）

从 20 世纪 40 年代开始，导盲犬培训机构开始增多。以美国为例，附表 2 所列机构均是在 20 世纪 40 年代至 20 世纪末期间成立的。

时至今日，美国的导盲犬事业发展得最好，欧洲很多国家的导盲犬事业也兴旺发达，导盲犬使用者的比例位于世界前列。而在亚洲，只有日本的导盲犬事业发展较好，是亚洲最早拥有导盲犬的国家。2004 年，日本电影《导盲犬小 Q》的热映，使得全世界人民对导盲犬的认识提高到了一个新的高度。而在这之前的 2001 年，美国“9·11”恐怖袭击发生后，五角大楼内一只名叫 Roselle 的导盲犬带领主人 Michael Hingson 从 78 楼走下 1400 多级台阶成功逃生。这些事件都对各国导盲犬事业的发展起到了积极的推动作用。

目前全世界正在服役的导盲犬有近 3 万只，其中美国约有 1 万只，英国约有 4000 只，德国约有 1100 只，法国约有 600 只，澳大利亚约有 500 只，日本约有 1000 只，中国香港约有 30 只，中国台湾约有 40 只，中国大陆约有 180 只。对比当前全世界约有 3700 万视力残疾人这一客观事实，全球的导盲犬事业虽然总体向好，但依然任重道远。

第二节　国内外导盲犬机构

随着各个国家导盲犬事业的不断发展，一些导盲犬相关的国际国内机构陆续成立。导盲犬机构的成立，对于促进国家及地区间的交流，获得社会各界的支持与帮助，吸纳导盲犬从业人员，培训出更多的导盲犬，更好地服务视力残疾人群体具有重要作用。

一、国际导盲犬机构

（一）国际导盲犬联盟（The International Guide Dog Federation，IGDF）

1. 相关背景

国际导盲犬联盟是目前世界上最大、最权威的导盲犬机构，成立于1989年，联盟总部设在英国雷丁，成立时有29个导盲犬组织成员（图2-2-1）。国际导盲犬联盟的宗旨是通过训练和提供导盲犬为世界范围内的视力残疾人士服务。成立至今，联盟一直在不断地发展和壮大。

国际导盲犬联盟的理念源于1973年在法国和1976年在伦敦举行的会议。1983年在维也纳举办的第三届国际会议结束时，参会者基于欧洲导盲犬组织得出以下理念：制定导盲犬训练指南和标准，教会盲人使用导盲犬。会议决定工作组为荷兰皇家导盲犬中心，工作组成员有英国、荷兰、法国、斯堪的纳维亚和瑞士，而且可以邀请其他导盲犬学校参与。

1988年4月举行了一次国际会议，参会者为来自16个国家的25个导盲犬组织的40位代表。经过最后两天激烈的讨论，所有参会代表签署了由律师起草的协议，决定建立一个非公司社团名叫“国际导盲犬学校临时委员会”（The International Provisional Council for Guide Dog Schools for the Blind）。会议任命执行机构成员包括最初于1983年在维也纳的工作组成员。新的委员会包括来自欧洲的5位执行长，并被授权执行以下工作，即组建新的组织，名叫“导盲犬学校国际联合会”（The International Federation of Guide Dog Schools for the Blind，IFGDSB）。

之后委员会与律师合作制定组织章程，以确立IFGDSB在英国为登记公司，法律文件于1989年12月获批。新组织的职能包括：

（1）评估；

（2）动物育种、饲育和兽医相关事宜；

（3）融资；

（4）员工招聘及培训；

（5）招收学生及培训。

新的组织适应了导盲犬组织不断增长、在世界范围内寻找合适的可合作的国际联合会的需求。该组织促进了各国家组织间在繁育、训练、操作和犬只评价等领域进行经验和信息的交流，同时新组织作为一个主体，可以为组织中的个体（每个人）提供建议。

1992年，对组织内各成员学校进行了检查。组织成员如果位于评估者所列的清单中则为合格，前提是成员需符合统一的指导方针。1996年，联盟共有45名成员，并举办了遗传和育种研讨会。

2000年，联盟共有61名国际成员，考核委员会更名为认证委员会，并建立了培训和研究工作组。到目前为止，两年一次的研讨会成为重要事件，将世界各地的会员聚集到一起。

2. 加入国际导盲犬联盟的意义

首先，成为国际导盲犬联盟的会员能够使世界范围的导盲犬组织融为一个团队为视力残疾人士服务。国际导盲犬联盟可以通过共享知识、经验、高质量的标准来帮助新老学校提高培训质量。培训质量的提高在很大程度上能帮助视力残疾人士提高独立行动的安全性。

其次，国际导盲犬联盟的成员享受以下待遇：

（1）提供评估和认证服务以确保导盲犬组织的操作标准达到或超过国际标准的要求；

（2）参加两年一次的经验交流研讨会；

（3）国际导盲犬联盟作为通讯枢纽，参与网站管理，为成员提供资料，方便成员们了解行业内的专业知识；

（4）编撰导盲犬国际专业期刊（季刊）；

（5）能够提供犬的繁育、训练、设施建造和管理、使用、营销、筹款、经营管理等方面的服务；

（6）共享观念和经验；

（7）提供可能交换的幼犬、成犬或其遗传物质；

（8）评估个人是否可成为导盲犬组织的工作人员或委员会委员或借调交流；

（9）使用 IGDF 的标识——高质量的象征；

（10）通过 IGDF 宣传某些问题的合法性等。

截至 2017 年 8 月，国际导盲犬联盟共有来自 30 个不同国家的 92 个导盲犬组织，且尚有数个已提交申请正处于评估阶段的组织。

3. IGDF 的前景

为 IGDF 成员国中所有视力残疾人士提供安全、不受限制的、可独立活动的有实际应用价值的导盲犬。

4. IGDF 的使命

IGDF 支持所有的成员尽自己的努力去激励和提高所提供的导盲犬的质量，以期为视力残疾人士提供安全的独立活动能力。

5. IGDF 的目标

（1）通过以下方式为联盟内的新老成员提升素质：

①为视力残疾人士提供导盲犬使用指导；

②为视力残疾人士在使用导盲犬中关于饲养、照料及训练等问题提供安全高效的指导。

（2）为以下行为建立及提升标准：

①导盲犬的育种和选择；

②工作人员的选择和培训；

③为视力残疾人士提供导盲犬使用说明。

（3）劝勉所有对建立导盲犬组织感兴趣的人；

（4）对达到 IGDF 标准的导盲犬组织给予授权并持续监督他们的资质；

（5）加大导盲犬组织之间的知识和信息交换力度；

（6）通过相关的法定机构提高人们对导盲犬的意识，通过政府组织和私人组织促进公众对这项工作的理解及提供财政支持；

（7）鼓励导盲犬组织帮助毕业犬进入检疫区、公共场所、交通工具等；

（8）与其他视力残疾人士相关的组织合作。

6. IGDF 的组织机构

IGDF 董事会代表 IGDF 行使权利，依据是“联盟组织章程”（Memorandum and Articles of Association）的条款。目前董事会由来自不同国家的 7 名董事组成。董事会每年至少召开一次会议，且每年 1—2 月召开一次电话会议以评估联盟的活动，以及讨论新的策略、政策、计划和项目。董事会下设如下机构：

（1）认证委员会

认证委员会由来自世界各地的 4 位技术专家组成，包括 1 位由董事会选举的主席。1 位董事会成员负责与认证委员会主席联络。认证委员会负责建立和监督 IGDF 各国成员的技术标准，并利用由 30 位技艺精湛且经验丰富的导盲犬训练师作为评估组，来指导五年一次的联盟纳新仪式。认证委员会和评估者与联盟成员一起寻求适当的发展机遇。认证委员会每年召开一次会议并定期召开电话会议，以回顾近期的认证程序和政策，并听取评估者对世界各联盟成员访问的汇报。

（2）发展委员会

目前发展委员会由 5 名在导盲犬管理、培训、繁育等方面具有丰富经验的专家组成。这一新的委员会也是每年召开一次会议，必要时召开电话会议，以更新委员会成员来适应新的发展项目。发展委员会将召开成员间的专业技术交流会以帮助联盟老成员未来的发展，以及帮助新成员发展自己的组织。

（3）财政委员会

主要负责财政方面的政策和审核，包括年度预算、月度报表，以及联盟的活动经费年度报告及审核，并控制联盟的财政支出。该委员会由董事会的 3 位董事组成。

（4）内部交流组

内部交流组的任务是确保联盟的每一位成员都能了解联盟董事会最新动态。该委员会由董事会的两位董事组成。

（5）教育培训组

教育培训组由来自世界各国的经验丰富的导盲犬训练师和教育工作者组成，主要负责训导员在 IGDF 要求的高质量标准内必须掌握的训练课程和教育架构。

7. IGDF 成员

目前 IGDF 的成员中（附表 3），欧洲最多，而亚洲相对较少。亚洲国家和地区中，日本有 9 家机构，韩国和以色列各有 1 家，中国香港和中国台湾各有 2 家。

（二）国际辅助犬组织（Assistance Dogs International，ADI）

国际辅助犬组织是一个训练和安置辅助犬的非营利性质的全球联盟，创始于 1986 年，成立时仅有七名成员。经过多年的发展壮大，目前已成为辅助犬行业的权威领导者（图 2-2-1）（附表 4）。

辅助犬一共有三种，包括导盲犬（Guide dogs）、助听犬（Hearing dogs）和服务犬（Service dogs，为除在视觉和听觉方面有障碍以外的残疾人服务）。

国际辅助犬组织的目标：

1. 在辅助犬的获得、训练和配对等领域建立并提升标准；

2. 促进组织成员之间的交流和学习；

3. 向公众宣传辅助犬和取得 ADI 资格的好处；

4. 通过 ADI 认证流程的组织可以成为 ADI 的认证会员，取得会员资格后要定期进行评估，以确保其能达到行业最高标准。

（三）欧洲导盲犬联盟（European Guide Dog Federation，EGDF）

欧洲导盲犬联盟是一个代表导盲犬使用者和导盲犬服务提供者的全欧洲范围的组织（图 2-2-1）。

国际导盲犬联盟

国际辅助犬组织

欧洲导盲犬联盟

图 2-2-1　三家国际导盲犬组织标识

自 2007 年起，EGDF 已成为一个正式的非政府组织。目前由来自欧洲 23 个国家的 47 个导盲犬相关组织组成（附表 5）。联盟的一些正式成员组织已经合作多年。一些成员是刚刚起步的组织，另外一些成员已经通过了这个阶段，正忙于开发新的导盲犬服务项目。

EGDF 使欧洲各地的导盲犬使用者能够在制定政策和立法方面发挥直接作用，以实现其充分和平等的公民权利。EGDF 与欧洲辅助犬组织（Assistance Dogs Europe，ADEu）有密切的合作。

二、国外导盲犬机构

在世界范围内，欧洲拥有导盲犬组织的国家最多，机构也最多，发展现状及前景均较好；北美洲中，美国导盲犬机构相对最多，拥有导盲犬的数量也位于世界第一，其邻国加拿大导盲犬事业发展也较好，拥有较多的导盲犬组织；在大洋洲，澳大利亚和新西兰两国的导盲犬事业发展较好，拥有相对较多的导盲犬机构；而在亚洲，只有日本导盲犬发展较好。下面简单介绍一些国外知名导盲犬机构。

（一）美国导盲犬机构

1. The Seeing Eye

The Seeing Eye 是 Dorothy Harrison Eustis（1886—1946）于 1929 年 1 月 29 日在田纳西州那什维尔建立的美国第一所导盲犬学校，是目前世界上现存导盲犬学校中历史最久远的一个，并始终是导盲犬运动的先锋（图 2-2-2）。该机构在制定服务性动物准许进入公共场所的政策方面发挥了重要作用。另外，从开发计算机程序检测种群内的每一只犬是否适合做种犬，到用 DNA 测序研究识别变性眼病的遗传标记，The Seeing Eye 在犬的遗传、育种、疾病控制和行为学方面都是领航者。这个组织是美国导盲犬学校理事会的创始者，也是国际导盲犬联盟的正式成员。

The Seeing Eye 是一个慈善组织，使命是提高视力残疾人使用导盲犬的自立性、尊严和自信心。The Seeing Eye 的任务包括：

（1）繁育和饲养幼犬以培训成导盲犬；

（2）为视力残疾人训练导盲犬；

（3）指导视力残疾人正确使用、操作和照顾犬；

（4）引导并支持犬的健康和发育相关研究。

The Seeing Eye 的目标主要有：

（1）提高视力残疾人的自立性和尊严，始终心怀敬意地对待申请者、学生和毕业生；

（2）保证提供的犬都经过良好的饲养、关照和专业训练并适度社会化，以保证犬能提供完美的向导服务；

（3）向视力残疾人宣传导盲犬的使用和功能，并推荐相关的国家政策；

（4）对已毕业的使用者和犬提供不间断的服务，以延伸到每一对视力残疾人和导盲犬组合的生活中；

（5）履行受托责任，确保该组织可以满足导盲犬使用者将来的需要。

The Seeing Eye 标识

Guide Dogs for the Blind 标识

Guide Dogs for America 标识

图 2-2-2
三家美国导盲犬机构标识

2. Guide Dogs for the Blind（GDB）

自 1942 年开始，Guide Dogs for the Blind 就开始了训犬相关的工作（图 2-2-2）。基于强大的客户需要，以及强大的训导师、幼犬饲养者、捐赠者和志愿者团队，该组织可为全美国和加拿大的视力残疾人或视力低下者提供高质量的导盲犬服务。

GDB 提供的所有服务都是免费的，包括个性化的训犬和毕业后的技术支持，以及必要时的兽医治疗费用。所有的工作是在捐赠者和志愿者的慷慨资助下完成的，没有收到任何政府资金。

3. Guide Dogs of America（GDA）

Guide Dogs of America 是 1948 年由 Joseph Jones, Sr. 在国际机械师和航空航天工作人员协会（International Association of Machinists and Aerospace Workers，IAMAW）的帮助下建立起来的，前身为 International Guiding Eyes（图 2-2-2）。GDA 的宗旨是

通过训练专业的导盲犬并根据犬和人的自身特征合理搭配，为视力残疾人士的生活增加独立性、活动力和自信心。GDA 承诺一切服务均免费，并可为美国和加拿大的视力残疾人士提供导盲犬。创立 70 年来，GDA 已经为数以千计的视力残疾人提供适合自己的导盲犬，并为支持助盲事业寻找新的更好的方法。

（二）英国导盲犬机构

英国导盲犬机构中最大的是英国导盲犬协会（The Guide Dogs for the Blind Association），成立于 1934 年（图 2-2-3）。

1929 年美国导盲犬组织 The Seeing Eye 的成立使英国人对在本国建立导盲犬组织产生了兴趣。英国导盲犬协会是由两位先驱 Muriel Crooke 女士和 Rosamund Bond 夫人创建的。

该协会还可以为犬主人提供其他帮助，比如手杖训练和日常生活技能，还有眼科和兽医知识的培训等，旨在提高视力残疾人士和他们的导盲犬的生活质量，同时英国导盲犬协会还致力于眼睛健康的科普活动。

如今，英国的导盲犬的饲养者和训练者在工作犬从业者中数量最多，得益于各位导盲犬从业者的努力和广大志愿者的无私捐助。自成立以来，英国导盲犬协会已经帮助 2.1 万余视力残疾人改变了自己的生活。

（三）日本导盲犬机构

日本最初的导盲犬是 1939 年从德国引进的 4 只德国牧羊犬，服务于在战争中失明的士兵。1957 年，日本第一只本国培训成功的导盲犬正式上岗。1967 年 8 月，成立了日本第一家导盲犬协会——日本导盲犬协会（图 2-2-3）。后来又陆续成立了一些

The Guide Dogs for the Blind Association

日本导盲犬协会

图 2-2-3
英国、日本两家导盲犬机构标识

新的导盲犬协会。

目前，日本共有 11 个导盲犬培训机构（附表 6）。其中最大的机构是日本导盲犬协会。

日本每年新培育导盲犬 100 只以上，而每年实际工作中的导盲犬在 1000 只左右。

三、中国导盲犬机构

相对于欧美、澳洲、日本等发达国家，中国的导盲犬机构出现得较晚。中国台湾于 1991 年设立首个导盲犬机构——惠光导盲犬教育基金会，中国大陆首个导盲犬机构——中国导盲犬（大连）培训基地于 2006 年成立，而中国香港则在 2011 年成立首个导盲犬机构——香港导盲犬协会有限公司。

（一）中国台湾导盲犬机构

中国台湾共有两家导盲犬机构，分别是“惠光导盲犬教育基金会”和“台湾导盲犬协会”。

1. 惠光导盲犬教育基金会

惠光导盲犬教育基金会是中国第一家合格的导盲犬培训机构，是第一个专门培育及训练导盲犬的组织，训练中心创建于 1991 年，由台湾盲人重建院筹备，于 1996 年独立登记为财团法人惠光导盲犬教育基金会（图 2-2-4）。创立至今，不断致力于本土导盲犬的培育、训练、大众倡导及相关政策制度的倡导工作，深受社会大众肯定。

1991 年，台湾盲人重建院曾文雄院长始推台湾“导盲犬发展计划”，设立惠光导盲犬训练中心，并于 1992 年 8 月完成首座导盲犬训练中心的建设并正式启用。1993 年，从澳大利亚皇家导盲犬协会引进一对血统纯正的导盲犬种犬，开始尝试本地繁育导盲犬的工作并接连获得成功。1996 年 7 月，台湾第一位导盲犬使用者前往日本经过正式的共同训练，成功与导盲犬 Aggie 配对，成为台湾第一位本土导盲犬使用者，台湾的第一只导盲犬也自此正式上岗。2003 年，惠光成为亚洲导盲犬育种联盟（AGBN）的会员。在国际狮子会基金会的大力捐助之下，2006 年，惠光成为国际导盲犬联盟的正式会员。2010 年，惠光主办了 2010 年度亚洲导盲犬培育联盟实务会议。

自成立以来，惠光导盲犬教育基金会为台湾视力残疾人士提供了很多帮助，包括经营友善的导盲犬环境、培养专业导盲犬训导员、引进优良种犬致力本土培育、推动法令为使用者及寄养家庭提供保障、为使用者提供咨询服务等，一切都是为视力残疾人与导盲犬全盘性无障碍而努力。一直以来，惠光秉持服务的精神，免费提供导盲犬给有需要的视力残疾人士。

2. 台湾导盲犬协会

台湾导盲犬协会成立于2002年4月13日，是公益性质的社团法人（图2-2-4）。协会主要目标是建立并推动导盲犬制度，让台湾的视力残疾人除了使用手杖外，也有使用导盲犬的权利。

协会的主要工作内容包括导盲犬观念的推广、本土导盲犬的培育繁殖、导盲犬的引进及训练、相关法令推动与倡导，并且将训练成功的导盲犬免费提供给有需要的视力残疾人使用。

协会已先后加入国际导盲犬联盟、亚洲导盲犬育种联盟及国际辅助犬组织并取得正式会员资格，协会的训练及相关业务都符合专业的国际标准。

惠光导盲犬教育基金会标识

台湾导盲犬协会标识

图2-2-4　台湾两家导盲犬机构标识

（二）中国香港导盲犬机构

中国香港共有两家导盲犬机构，分别是“香港导盲犬协会有限公司”和“香港导盲犬服务中心”。

1. 香港导盲犬协会有限公司（HKGDA）

香港导盲犬协会有限公司是香港第一家导盲犬机构，成立于2011年1月（图2-2-5）。并于同年6月在香港注册成为一家慈善机构。协会主要提供以下服务：

（1）繁殖、饲养和训练导盲犬。

（2）为成功申请使用导盲犬的人士配对适合的受训犬只。

（3）为服务对象提供全面训练，以使他们能安全并有效地使用导盲犬。

协会承诺所提供的服务全部免费，所有计划均坚守国际导盲犬联盟所制定的标准。

2. 香港导盲犬服务中心（HKSEDS）

香港的第二家导盲犬机构——香港导盲犬服务中心于 2012 年 1 月 11 日成立，并于同年注册成为香港政府认可的慈善机构（图 2-2-5）。

香港导盲犬服务中心专门提供导盲犬的培育和训练，以及将培训成功的犬只免费提供给有需要而且合适的视力残疾人士使用，并进行配对训练及提供日后的跟进服务，以持续支持视力残疾人士；同时，推广导盲犬的保护及防止导盲犬配对后被遗弃或虐待。2013 年 8 月 27 日，香港导盲犬服务中心被接纳为国际导盲犬联盟（IGDF）的申请人（Applicant Organisations Status）；2018 年 3 月 1 日，得到国际导盲犬联盟（IGDF）的认可，正式被接纳为联盟会员，这意味着该中心的发展已正式获国际认可，本土繁殖及训练成功的导盲犬已达到国际标准。

香港导盲犬协会标识

香港导盲犬服务中心标识

图 2-2-5　香港两家导盲犬机构标识

（三）中国大陆导盲犬机构

中国大陆目前的导盲犬机构有中国导盲犬（大连）培训基地、上海导盲犬项目、郑州爱心导盲犬服务中心、广州市海珠区赛北斗导盲犬服务发展中心等。

1. 中国导盲犬（大连）培训基地

中国导盲犬（大连）培训基地成立于 2006 年 5 月 15 日，经中国残疾人联合会批准（残联函［2006］90），由大连医科大学和大连市残疾人联合会共同组建成立（图 2–2–6；图 2–2–8）。中国导盲犬（大连）培训基地是我国大陆地区第一家也是唯一一家能够在导盲犬的繁育、培训、应用等多方面提供专业性指导的非营利机构。作为公益机构，基地培训出的导盲犬全部免费交付视力残疾人士使用。基地位于大连医科大学校内，大连医科大学为基地免费提供标准犬舍、繁殖犬舍、犬处置室、犬淋浴间及办公室等硬件设施。目前，基地拥有工作人员 26 人，其中训导员 13 人，科研人员 8 人，专业覆盖动物行为学、动物生理学、动物遗传育种、动物饲养、动物医学、动物检疫等多个领域。基地已建立较完善的导盲犬培育、培训及评估考核体系。

早在 2004 年 10 月，以大连医科大学实验动物中心主任、动物行为学博士王靖宇教授带领的团队就开始了导盲犬在中国的培训与应用研究。目前在训练技术上，基地借鉴国际先进技术和经验，结合我国导盲犬的使用环境和要求，不断摸索，已总结出一套符合我国实际情况的技术。基地已与美国、加拿大、澳大利亚、新西兰、韩国以及中国台湾等国家和地区的导盲犬学校和相关机构建立友好关系，相继派人前往其他导盲犬事业发达的国家和地区进行培训和学习交流，将国际先进理念、方法与自有技术有机结合起来，以求更高效、更快捷地训练导盲犬。

导盲犬不仅是视力残疾人士的另一双眼睛，也是他们生活上不可或缺的心

图 2–2–6
中国导盲犬大连培训基地挂牌仪式

图 2-2-7
导盲犬带领盲人参加火炬传递

灵伴侣（附件 1）。2008 年北京残奥会上，基地毕业的导盲犬 Lucky 引领我国首位残奥冠军平亚丽女士在开幕式进行火炬传递，这是我国导盲犬首次亮相国际舞台，受到了世界瞩目（图 2-2-7 左）；2010 年世博会，基地受邀参加生命阳光馆展示，展示期间受到中外游客一致赞扬；2011 年亚残会开幕式上也有基地导盲犬珍妮的身影；2012 年参加中国首届慈善展览会进行展示；2013 年导盲犬 VISA 引领使用者参加十二运火炬传递（图 2-2-7 右）。基地多次受邀参加录制中央电视台、上海卫视、天津卫视、江苏卫视等多家电视媒体节目，一度成为慈善新闻热点关注话题。常年有爱心团队、个人及国际友人来访参观。

目前，中国导盲犬（大连）培训基地已培训出 170 余只导盲犬，分别工作于北京、天津、山西、内蒙古、山东、湖南、河北、浙江、江苏、四川、广东、辽宁等 20 多个省市。而中国目前约有 1623 万视力残疾人士，仅大连市就有 4.8 万。国际上规定，一个国家有 1% 以上的视力残疾人使用导盲犬时，才能称之为导盲犬的普及。面对这一严峻的形势，中国导盲犬（大连）培训基地坚守“为视力残疾人士找回另一双眼睛”的宗旨，秉承“爱心、责任、行动、光明”的理念，努力培训出更多导盲犬为我国视力残疾人士服务。

2. 上海导盲犬项目

上海导盲犬项目是公安部南京警犬研究所、上海市残联、日本导盲犬协会合作的导盲犬培训、使用的项目，成立于 2007 年（图 2-2-8）。

公安部南京警犬研究所是公安部直属的专门从事警犬技术及相关技术研究的事业单位，是目前国内乃至世界上唯一从事警犬技术研究的科研机构，成立于1981年。针对导盲犬培训这一国内创新合作项目，研究所抓住机遇，积极探索，努力开展将警用工作犬技术运用于民间、服务于社会的研究项目。2007年3月，在上海正式启动了由研究所、上海市残联、日本导盲犬协会三方合作的导盲犬培训、使用项目。

中国导盲犬大连培训基地

上海导盲犬

图 2-2-8
中国大陆两家导盲犬机构标识

研究所先后成立了由中高级技术人员组成的专项研究小组，委派有丰富训练及使用经验的领导主抓专项研究项目，根据导盲犬培训需求从社会上招聘、培训导盲犬的训导员，组建了导盲犬培训队，建设设施齐全的专用训练场地，购置设备，设立专项资金，最终挂牌导盲犬培训基地。

上海导盲犬项目在具体的训练计划和方法上，依据日本导盲犬训练专家指导意见和各待训犬的类型、特点，结合自身训犬的经验来制定和灵活运用[30]。据上海导盲犬网站报道，从2007年成立以来，已有13只导盲犬培训成功并交付视力残疾人使用。

第三节　导盲犬相关的法律法规

国外导盲犬事业起步早，也制定了较成熟的相关法律体系。这些法律条款以保证视力残疾人士生存权利和生活保障为前提，对视力残疾人士的出行乃至整个生活都提供了方便。我国近年来也相继出台了相关法律法规，包括国家层面、省（自治区、直辖市）层面乃至各地市，方便视力残疾人士的出行及生活。

一、国外导盲犬相关法律法规

在美国，虽然个别州在界定辅助犬使用者的权利方面有所不同，但所有州都制定了有关辅助犬（含导盲犬）的法律。各州在其法规中增设了关于辅助犬的具体章节，这些章节规定了允许残疾人携带受过训练的犬前往何处，使用者的住房要满足哪些条件，如果有人试图干涉这些权利会发生什么，以及拒绝服务犬进入会受到什么处罚等。通常，辅助犬训导员的权利与残疾人的权利是平等的并被纳入国家法律。许多州还制定了一些其他的规定，如免除办犬证的费用；犬或使用者 / 训导员需要的鉴定；使用者 / 训导员的职责；辅助犬受伤或被杀相关的责任；以及有的人冒充辅助犬使用者的处罚措施等。美国残疾人协会禁止任何商业、政府机构，以及其他面向公众开放的机构阻止服务动物进入，除非这些动物有危害公众健康和安全的风险。对宗教机构，不做此类要求。对于正在接受训练的动物是否拥有和服役动物同样的权利的问题上，各个州有不同的法律规定。此外，公平住房法规定房东允许房客携带服务动物，以及其他种类的介助动物入住。对于有禁止携带宠物规定的住宅，对此类房客不允许收取额外费用。

加拿大各省独立制定了保障盲人权利的相关法律，具体规定了使用导盲犬的残疾人可以前往何处、住房方面的要求、如果这些权利受到侵犯怎么办，以及与之相关的处罚。训导员的权利或要求、执照或费用、身份要求，以及犬受到伤害等问题也包括在内。虽然这类法律最初是为了适应视力残疾人或视力受损者而制定的，但一些省份通过修正案扩大了其适用范围，将这些权利扩大到聋哑人或听力障碍者以及其他残疾人。

日本规定，只有官方认可的合格的辅助犬，才能完全免费地在街道、公路、人行道上活动，并与其他公众成员一样享有平等的使用公共建筑、公共设施的权利，有乘坐飞机、火车、公共汽车、出租汽车、船只等公共交通工具的特权，以及进入宾馆住宿、去娱乐场所、度假胜地及其他公众人士可以前往的地方的权利。

在英国，拒绝残疾人将其辅助犬带到公共场所的行为通常是违法的。1995年《英国残疾歧视法》（U.K. Disability Discrimination Act，DDA）规定，任何向公众提供服务、商品或设施的人都不能以与残疾有关的理由拒绝向残疾人提供服务。提供服务者也不能以残疾人的残疾为由，向他们提供低于健全人标准的或更差的服务。做以上任何事情都有可能受到残疾歧视法的指控。该法还要求提供服务者对任何使残疾人无法或难以利用的有关货物、设施或服务的做法、政策或程序做出合理调整。因为辅助犬的主人依靠他们的犬才能安全地活动，拒绝辅助犬进入该场所意味着以与残疾有关的原因拒绝向主人提供服务。由于辅助犬是经过培训的犬，拥有一定技能，英国环境卫生研究所的官员表示，辅助犬不受普通犬的一般卫生规则的约束，其中包括与那些提供食品的地区有关的卫生规则。辅助犬协会会给犬的主人发一张卡片，上面对这一点做出解释。因此，辅助犬没有理由不能与主人一起进入商店和经营场所。英国2010年颁布的平等法案中也规定了残疾人在进入商店、银行、旅馆、图书馆、酒吧、出租车、餐馆等公共场所时与正常人拥有平等的权利。提供服务的商家需要为给服务动物和介助动物以及它们的使用者提供住宿而做出合理调整。根据平等法案第12部分的规定，出租车司机以及微型出租车司机不可以以任何理由拒绝拉载介助动物以及介助动物的使用者。

南非在使用导盲犬和服务犬领域有悠久的传统，但迄今为止，除了国家宪法中强调基本人权特别是残疾人的人权以外，还没有正式或明确的准入法。

二、中国导盲犬相关法律法规

在2000年我国申办2008年奥运会时，承诺导盲犬可以入境。但此前我国相关法律中一直没有涉及导盲犬的规定。

2000年4月24日，十一届全国人大常委会第二次会议通过的修改后的残疾人保障法，在第五十八条专门规定："盲人携带导盲犬出入公共场所，应当遵守国家有关规定。"中国修改法律为导盲犬在奥运期间出行开出了绿灯。

在奥运会和残奥会期间，北京市公安局、农业局、盲协等部门组成了一个导盲犬临时认证委员会，对导盲犬进行噪音、指令、健康等测试，合格之后办理临时证件。在此期间，导盲犬Lucky的"工作服"里放着一个导盲犬临时"身份证"，可以带着主人名正言顺地出入各种公共场所、乘坐各种交通工具。

下面列举一部分导盲犬相关的国家及地方法律法规。

（一）国家法律法规（节选，按时间顺序排列）

1.《中国民用航空旅客、行李国际运输规则》（1997）

第五十二条　导盲犬或者助听犬，是指经过专门训练能够为盲人导盲或者为聋人助听的犬。

第五十三条　盲人或者持有医生证明的聋人旅客携带导盲犬或者助听犬乘机，按下列规定办理：

经承运人同意携带的导盲犬或者助听犬，连同其容器和食物，可以免费运输而不计算在免费行李额内。（一）带进客舱的导盲犬或者助听犬，必须在上航空器前为其戴上口套和系上牵引绳索，并不得占用座位和让其任意跑动。装在货舱内运输的，其容器必须符合本规则第四十九条第（四）项的规定；（二）收运导盲犬或者助听犬的其他运输条件，按照本规则第四十九条第（一）、（三）项和第五十一条的规定办理；（三）在中途不降停的长距离飞行航班上或者在某种型号的航空器上，不适宜运输导盲犬或者助听犬的，承运人可以不接受运输。

2.《中华人民共和国残疾人保障法》（2008）

第五十八条　盲人携带导盲犬出入公共场所，应当遵守国家有关规定。

3.《无障碍环境建设条例》（2012）

第十六条　视力残疾人携带导盲犬出入公共场所，应当遵守国家有关规定，公共场所的工作人员应当按照国家有关规定提供无障碍服务。

4.《出入境检验检疫通关礼遇工作规范》（2012）

第十四条　对于享受礼遇的人员随身携带的伴侣猫、犬或者导盲犬等工作犬，出入境检验检疫机构可以实施以下通关便利：（一）享受礼遇的人员携带导盲犬的，可以由接待部门持狂犬病疫苗注射卡、导盲犬专业训练证明和输出国家（地区）政府动植物检疫机关出具的检疫证书，向出入境检验检疫机构申报，现场检疫合格后予以放行。对仅缺少疫苗接种证书的工作犬，由检验检疫机构对工作犬接种狂犬病疫苗，并加强后续监管，确保该导盲犬随同享受礼遇人员同时离境。

5.《〈导盲犬〉国家标准》（2018）

2018 年 5 月，国家市场监督管理总局、国家标准委公布了《关于批准发布等389项国家标准、6项国家标准修改单和54项国家标准外文版的公告》(中华人民共和国国家标准公告2018年第6号),《导盲犬》国家标准(GB/T 36186—2018)位列其中。该标准由国家农业农村部提出，由全国伴侣动物(宠物)标准化技术委员会(SAC/TC 541)归口，由中国盲人协会等10家单位起草，自2018年12月1日起实施。该标准规定了导盲犬的选种与繁殖、饲养和管理、培训与评估、回访与复训、退役和犬档案等内容。《〈导盲犬〉国家标准》将在导盲犬行业发展中发挥引领作用，它的发布彰显了我国的社会发展和文明进步，标志着无障碍环境建设水平得到进一步提升，是全社会弘扬人道主义情怀和人文关爱的具体体现。

6.《关于进一步加强和改善老年人残疾人出行服务的实施意见》(2018)

第十一条 建立配套制度。支持城市公共交通为老年人提供优惠和便利，鼓励铁路、公路、民航等交通运输工具为老年人提供便利服务。各级残联、老龄委要会同相关部门，积极争取城市人民政府支持，对老年人、残疾人优惠乘车予以补贴补偿。各级交通运输主管部门、残联要研究制定出台导盲犬乘坐城市公共交通工具等配套政策，保障持残疾人证、导盲犬工作证、动物健康免疫证明等相关证件的视力残疾人士携带导盲犬进站、乘车，完善交通运输场站、设施导盲犬服务配套制度建设。督促各运营企业按有关标准规定在交通运输工具上设置老幼病残孕优先座椅和轮椅专用停放区，对老年人、残疾人购检票乘车等实行专人引导、优先办理。(2018年1月，交通运输部、住房城乡建设部、国家铁路局、中国民用航空局、国家邮政局、中国残疾人联合会、全国老龄工作委员会办公室等七部门联合发文。)

(二)地方性法规(节选，按时间顺序排列)

1.《天津市养犬管理条例》(2005)

第十五条 部队、公安、科研、医疗卫生单位因工作特殊需要养犬的，免收养犬管理服务费。

盲人养导盲犬和肢体重残人养扶助犬的，凭《中华人民共和国残疾人证》免收养犬管理服务费。

2.《深圳市养犬管理条例》(2006)

第十九条 盲人饲养导盲犬和肢体重残人饲养扶助犬的，免收管理费；非营利性组织收养流浪犬、遗弃犬的，收养期间免收管理费；饲养绝育犬的，减半收取管理费。

第二十七条 禁止携带犬只进入下列场所，但盲人携带导盲犬和肢体重残人携带扶助犬的除外：（一）除出租小汽车以外的其他公共交通工具；（二）党政机关、医院、学校、幼儿园及其他少年儿童活动场所；（三）影剧院、博物馆、展览馆、歌舞厅、体育馆、游乐场等公众文化娱乐场所；（四）公园、社区公共健身场所、候车厅、候机室等公共场所；（五）区主管部门根据需要划定的其他公共场所。

3.《深圳市无障碍环境建设条例》（2009）

第三十三条 视力残疾人可以按照规定携带导盲犬出入公共场所和乘坐公共交通工具，任何单位和个人不得阻拦。

4.《广州市养犬管理条例》（2009）

第十八条 在严格管理区内养犬应当缴纳养犬管理费。

养犬管理费的征收标准为每只犬第一年五百元，第二年起每年三百元。

盲人饲养导盲犬只、肢体重残人士饲养扶助犬只的，免缴养犬管理费；饲养绝育犬只的，从犬只绝育的下年起免缴两年养犬管理费。

第二十四条 下列区域，除专门为犬只提供服务或者开设专门的犬只服务区域外，禁止携带犬只进入：（一）党政机关、医院、学校和幼儿园；（二）少年宫等少年儿童活动场所；（三）博物馆、美术馆、图书馆、影剧院和体育场馆；（四）餐厅和食品商店；（五）小型出租汽车以外的公共交通工具和候车室、候机室、候船室；（六）风景区、历史名园、名胜古迹园、纪念性公园和动物园。

盲人、肢体重残人士可以分别携带导盲犬只、扶助犬只进入前款所列区域。

5.《山西省残疾人保障条例》（2010）

第四十一条 残疾人凭残疾人证优先购票、优先搭乘各类公共交通工具，免费携带辅助器具和导盲犬。残疾人凭残疾人证免费乘坐市内公共交通工具。残疾人凭残疾人证免费进入收费公共厕所。

6.《浙江省残疾人保障条例》（2010）

第二十八条 残疾人搭乘公共交通工具，其随身必备的辅助器具、导盲犬等免费携带。重度残疾人免费乘坐市内公共汽（电）车、地铁等交通工具。

7.《重庆市残疾人保障条例》(2011)

第四十三条　盲人携带有识别标识的导盲犬出入公共场所和搭乘公共交通工具应当遵守国家有关规定，相关单位和个人应当给予便利。

8.《青海省残疾人保障条例》(2011)

第四十七条　盲人携带导盲犬出入公共场所和搭乘公共交通工具的，相关单位和个人应当给予便利。

9.《辽宁省实施〈中华人民共和国残疾人保障法〉办法》(2011)

第三十四条　城市公共停车场应当设置方便残疾人的专用停车位。相关单位和个人应当允许盲人携带导盲犬出入公共场所。

10.《河北省实施〈中华人民共和国残疾人保障法〉办法》(2011)

第六十六条　盲人携带导盲犬出入公共场所，相关单位和个人应当给予方便。

11.《内蒙古自治区实施〈中华人民共和国残疾人保障法〉办法》(2011)

第四十二条　盲人可以携带导盲犬出入公共场所和搭乘公共交通工具，相关单位和个人应当给予便利。

12.《山东省实施〈中华人民共和国残疾人保障法〉办法》(2012)

第四十八条　残疾人凭残疾人证或者其他有效证件享受下列优惠和照顾：(二)盲人可以牵引导盲犬乘坐交通工具和出入公共场所；

第五十五条　县级以上人民政府应当制定优惠政策，扶持残疾人专用犬驯养服务业发展；有关部门对盲人饲养导盲犬、肢体残疾人饲养扶助犬，应当免收行政事业性收费。

13.《河南省实施〈中华人民共和国残疾人保障法〉办法》(2012)

第三十八条　残疾人持残疾人证免费乘坐城市市区公共交通工具，乘坐其他公共交通工具，应当给予优先购票和乘坐；其随身必备的辅助器具及导盲犬，准予免费携带。公共交通工具应当配置无障碍设备，并标明残疾人专用座椅，司乘人员应当优先安排残疾人乘坐。

14.《大连市残疾人保障若干规定》(2012)

盲人携带导盲犬出入公共场所和乘坐公共交通工具，相关单位和个人应当给予便利。

15.《上海市实施〈中华人民共和国残疾人保障法〉办法》(2013)

第五十五条　盲人可以携带导盲犬出入公共场所或者乘坐公共交通工具。

盲人携带导盲犬出入公共场所或者乘坐公共交通工具，应当为导盲犬佩戴导盲鞍、携带导盲犬使用证件，并遵守国家和本市的其他有关规定。

16.《台湾省合格导盲导聋肢体辅助犬及其幼犬资格认定及使用管理办法》（2016）

第十一条　视觉、听觉、肢体功能障碍者使用合格犬、专业训练人员训练合格犬或幼犬出入公共场所、公共建筑物、营业场所、大众运输工具及其他公共设施时，应依下列规定办理：（一）视觉、听觉、肢体功能障碍者应携带用户证明及合格犬工作证；（二）专业训练人员应携带专业训练人员资格证明文件及合格犬工作证或幼犬训练证明，并主动出示证明文件；（三）导盲犬应着导盲鞍；导聋犬、肢体辅助犬应着背心；（四）导盲幼犬应着训练中背心或导盲鞍；导聋幼犬、肢体辅助幼犬应着训练中背心。

17.《湖南省实施〈中华人民共和国残疾人保障法〉办法》（2017）

第三十八条　视力残疾人可以携带导盲犬出入公共场所或者乘坐公共交通工具，但必须为导盲犬佩戴导盲鞍、携带导盲犬使用证件，并遵守其他有关规定。

我国导盲犬相关法律法规目前尚不完善。随着导盲犬使用者数量的增加，适时完善导盲犬相关法律法规，对保障视力残疾人士的出行、加快无障碍事业建设的进程、提高我国的文明程度将起到更大的积极作用。

第四节　中国导盲犬事业存在的问题及建议

我国导盲犬事业虽然取得了一些成绩，但发展缓慢，导盲犬数量远低于发达国家，严重滞后于我国经济社会的飞速发展，无法满足视力残疾人的需求，究其原因主要有以下几个方面：

一、缺乏政府主导的导盲犬管理机构

发达国家的导盲犬相关机构多为民间公益性质的非政府组织。非政府组织不是政府，不靠权力驱动，也不是经济体，不靠经济利益驱动。其原动力是志愿精神，是在特定的法律系统下成立的、不以营利为目的的民间（与政府相对应）公益组织，例如协会、社团、基金会、慈善信托、非营利公司或其他法人。公益组织是现代西方社会的一个突出要素，它们同西方社会一起成长，在西方社会环境里如鱼得水。

目前，中国大陆的导盲犬基地主要依托于残疾人联合会和盲人协会，尚无国家层面的导盲犬专门管理机构，完全是非政府的公益组织。但我国是正处于社会主义初级阶段的发展中国家，我国的具体国情决定了建立政府主导的导盲犬管理机构的必要性，以解决目前导盲犬事业发展所面临的诸多政策性问题。对于导盲犬这个新兴且正在成长的事业，政府可通过管理机构对导盲犬事业的发展制定适宜的政策，而政策的导向性对导盲犬事业的发展至关重要。

由于没有政府统一的规划指导，目前我国导盲犬基地不仅数量少、规模小，而且相关导盲犬基地间缺乏沟通交流，没有统一的培训标准。若在政府主导下建立中国导盲犬联盟，可建立统一标准，有利于资源共享、技术进步，促进我国导盲犬事业的快速发展。加入国家联盟的导盲犬基地将更有利于加入国际导盲犬相关组织，向国际标准迈进。

在导盲犬事业推进实施过程中，要充分发挥政府和社会组织两种力量的协同作用。政府主要职责是对技术创新研发、制度改进等进行政策支持；导盲犬培训基地的主要职责是优化培训技术、保证导盲犬质量、扩大导盲犬培训规模。加快构建政府和导盲犬培训基地的合力体系，对彼此相互的作用达成共识，形成合力，以促进导盲犬事业的可持续蓬勃发展。

二、法律法规不完善

发达国家拥有相对完善的导盲犬相关法律法规体系。而我国在国家层面的法律法规中，仅在《中华人民共和国残疾人保障法》和《无障碍环境建设条例》等法律和行政法规中提及导盲犬，地方性法规中目前仅有一部分省份及地市出台了导盲犬相关的法规。并且已经出台的法律法规内容比较笼统，缺乏可操作性。

导盲犬培训基地的权利义务没有法律规定。目前，我国有中国导盲犬（大连）培训基地，南京警犬研究所的训导员也从事导盲犬的培训工作。除此之外，上海、郑州、广州等地也有培训导盲犬的机构。对导盲犬的培训、认证资格等，法律都没有进行详尽规定，这为导盲犬进入公共生活以及导盲犬事业的发展带来一定困扰。

导盲犬使用者的权利义务规定不完善。视力残疾人士携带导盲犬出入公共场所是一项权利，同时也必须履行一定的义务，我国法律却很少涉及于此。明确导盲犬使用者的权利义务，使视力残疾人士有法可依，得以按章法行使权利，不损害其他人权利义务，更好地促进导盲犬事业发展。

法律对公共场所服务者的权利义务规定不明确。有些地方虽然允许导盲犬进入地铁、公交等公共交通工具，车站工作人员却不知道如何提供服务，没有系统的规范指导导盲犬进出交通工具的步骤，易出现推诿延误的情况。有些超市和餐馆门口写着“宠物不得入内”，并把导盲犬列入宠物范围之内，对于这种情况，目前许多城市没有明确可供执行的标准。这让导盲犬出入公共场所更加为难。国内未对公共场所服务者设定法律责任，对于拒绝导盲犬进入公共场所、公共交通工具的工作人员也没有相应的处罚措施，导致法律法规执行不力。公共场所的运营者不配合，不提供便利，这让携带导盲犬的视力残疾人士望而却步。

三、资金紧缺

由于培训成本高，绝大多数视力残疾人士根本无力自己购买使用导盲犬。目前，世界上的导盲犬大多由专业机构培训，由政府出资免费为有特殊需要的视力残疾人士配备。另外在发达国家，公众对导盲犬的认可度很高，爱心团体对这一事业的支持力度也很大，使得导盲犬基地很少面临资金问题。而我国导盲犬目前全部是免费提供给视力残疾人士使用的，导盲犬培训基地的收入来源主要靠有限的社会赞助。随着导盲犬需求量的不断增大，导盲犬培训基地因其完全公益的性质，在努力培训导盲犬的过程中，面临着巨大的经济压力。

导盲犬训导员月薪只有3000元左右，待遇偏低导致从业人员稳定性较低、流动性较大，这也是我国导盲犬事业进展缓慢的重要原因。

由于导盲犬培训的专业性强、时间长、劳动强度大、耗资大，加之培训成功后无偿捐献给视力残疾人使用，无资金回收，中国一些有心建立导盲犬培训基地的城市，也都望而却步，致使导盲犬事业无法在全国蓬勃发展。

根据我国现状，在社会力量还不能满足导盲犬培训基地正常发展前，应由国家和地方政府建立专项资金支持。专项资金的发放可结合激励制度，即培训成功的导盲犬数量越多，培训机构获得的专项资金也就越多，逆向刺激导盲犬事业的发展。而现阶段要获得更多的社会力量的支持，仍需要加大宣传，让公众更加了解和理解帮助视力残疾人士无障碍出行的导盲犬事业。

四、专业人才短缺

导盲犬事业的发展离不开相关技术人才的培养，人才是创新发展的基础。训导员是经过专业学校培训，学习多门课程及实践后专门进行导盲犬培训的人员。训导师则是训导员积累经验后进入共同训练部门，经历学习期和实习期，能够对使用者进行培训，并由多名权威专家认证的高级专业技术人员。在发达国家，导盲犬训导员这个职业早已家喻户晓。而在我国，导盲犬训导员仍属于稀缺人才，甚至对于很多人来说，这是一个陌生的职业。目前我国导盲犬训导员多是从零开始，一边学习一边培训犬，严重降低了培训效率。

开展高等教育，培养导盲犬相关专业方向的中高端技术人才。建议在高校动物类院系设置导盲犬专业方向，为导盲犬事业的发展提供人力资源保障。导盲犬专业的高端人才可实行“引育并举”制度，一方面，可以引进海内外相关人才，另一方面，可以让本土的人走出去，到其他发达国家进行学习。

完善职业教育体系，大力支持导盲犬训导员的培养。开办导盲犬训导员培训学校，或鼓励导盲犬基地与学校合作培养高素质技能型人才，加大财政支持力度，并在法律层面为这种公益组织与学校紧密合作的职业教育模式提供制度保障。

五、科研工作薄弱

早在1956年，英国导盲犬协会就提出，培训导盲犬的一条不变的原则就是要淘汰掉那些经过一段时间认真培训以后发现并不适合做导盲工作的犬。通过前期测试淘汰不适合做导盲犬的犬只，可以大幅提高培训效率，节省资源。而在我国，导盲犬培训面临的主要困难就是培训成功率低。出现这一问题的重要原因就是没有形成完善的前期评估预判体系。这些问题需要通过行为学、生理学、遗传学等多学科的综合性研究进行解决。

建立导盲犬研究院、系、所，培养导盲犬事业高端科研人员。鼓励有条件的科研院所成立导盲犬研究机构，给予研究人员一定的编制名额，设立专项资金。例如可依托医学院校或农业院校设立如导盲犬发展研究院等从事导盲犬研究的科研机构。利用这些平台聚集在导盲犬培育技术方面有一定造诣的专家、学者，从动物行为学、遗传学、生理学等多个角度综合评估待训犬的适合性。形成专业完备的前期评估预判体系后，就可以有效解决目前面临的培训成功率低的问题，为我国的导盲犬事业献智献策，突破相关技术瓶颈。

六、公众认知不足

我国目前导盲犬的数量很少，对于很多民众来说，导盲犬仍属于陌生事物。政策的不完善、公众的不认可也给接纳导盲犬带来很大困难。例如，很多公共场所如商场、酒店、公共交通设施（如地铁和公共汽车）、餐饮娱乐场所等仍不允许视力残疾人士携带导盲犬入内。

公众对导盲犬是工作犬而非普通宠物犬的意识薄弱。由于没有做好宣传工作，公众对导盲犬是工作犬的认识不强，这导致了对导盲犬的不接纳甚至排斥。赞同导盲犬出入公共场所的民众也是站在道德考量的角度，而对于其背后的法律内容却知之甚少，没有把携带导盲犬出入公共场所视为视力残疾人士的基本权利。部分公众不认识导盲犬，把它视为普通宠物犬，对导盲犬做出围观、喂食、抚摸、呼唤等行为，干扰导盲犬正常工作状态，增加危险性。

解决这一问题，除了靠政府及相关从业者和使用者的大力宣传、完善法律法规以外，还需要社会对视力残疾人士和导盲犬提供更多的人文关怀。例如，国际上已经把每年四月的最后一个星期三设定为“国际导盲犬日”，这就是宣传人文关怀的一种良好形式。

综上所述，只有通过建立政府主导的导盲犬管理机构，制定详尽的、可操作性强的法律法规，设立导盲犬专项资金，培养导盲犬专业人才，进行导盲犬培育培训的科学研究，提高公众对导盲犬的认知度，保护视力残疾人士的权益，才能保障视力残疾人士的无障碍出行，保证导盲犬事业的可持续健康发展。

第三章

导盲犬的培育和应用

第一节　导盲犬的繁育

一、概述

导盲犬是运用犬行为学原理培育的、专门为视力残疾人提供向导服务的工作犬。导盲犬的职责是协助及引导视力残疾人安全出行，使其在不依赖他人的帮助下，避开行进中的障碍物和来往的车辆。导盲犬在行进过程中通常要听从使用者的指挥，向着目的地行进。而有时，在遇到障碍或危险而使用者不自知时，导盲犬也需根据自己的判断来决定是否执行使用者的命令，这时就需要考验导盲犬与使用者的默契，只有二者相互依赖、密切配合才能安全到达目的地[31]。

导盲犬需要经过长期的专门培训，掌握一系列的专业技能。因此对犬的要求较高，要具备先天体质上的条件：体型中等，性情稳定，与人有较好的亲和性，热爱工作，具有非常发达的听力和良好的视力，聪明，服从，便于培训[32]。导盲犬工作的特殊性要求其在工作时要集中注意力，有较强的抗外界干扰能力，有稳定的性情。较高的要求导致导盲犬培训的复杂程度高、成功率低。因此，培育一只合格的导盲犬是一项复杂的系统工程。而导盲犬的繁育工作则是这个系统工程的前提和先决条件。

导盲犬的繁育包括犬种的选择、种犬的筛选以及幼犬的选育。对犬从遗传角度进行选择，可以找到更易培训成功的犬只类型，从而提高培训成功率，降低培训成本。

二、犬种的选择

导盲犬的犬种必须符合一定的条件：生理上，需体型适中，健康状况良好，被毛容易整理；心理上，需个性稳定，喜欢与人相处，乐于工作，学习能力强。体型太小的犬种，有某些遗传性疾病的犬种，或者身体健康状况特别脆弱、需要特别照顾的犬种，太敏感、容易有攻击行为的犬种都不适合成为导盲犬[33]。

许多犬种适合培训成导盲犬，如拉布拉多犬、金毛猎犬、德国牧羊犬、标准贵宾犬、拳师犬等，或是有计划育种而杂交所获得的新犬种，如黄金拉拉犬（拉布拉多犬与金毛猎犬交配获得的杂交犬）。全球导盲犬中，拉布拉多犬因其适应力强、友善、工作意愿高，培训成功率最高，可达 50% 以上。全球导盲犬数第二多的是金毛猎犬。

我国导盲犬事业尚处于初期发展阶段，目前以拉布拉多犬、金毛猎犬为主要培训犬种。

拉布拉多犬与金毛猎犬作为最常见的导盲犬品种，主要有以下特点：首先，它们都是高智商犬种，在犬类智商排名中处于前 10 位。高智商的犬在培训成功后可以掌握 7 个以上的目的地、30 多个口令；其次，它们性格温顺，与人友善，大部分拉布拉多犬和金毛猎犬对人类都没有攻击倾向，这是成为工作犬和伴侣犬的必要条件；另外，成年拉布拉多犬与金毛猎犬体型适中，站立时高度正好位于人膝盖附近的位置，能够让使用者很好地感受到犬只体位的变化，从而做出相应的反应。

（一）拉布拉多犬

在全球范围内，导盲犬中拉布拉多犬（The Labrador Retriever）又叫拉布拉多枪猎犬、拉布拉多巡回猎犬、拉布拉多猎犬，所占比例很高。它是一种身体健壮、体型中等的犬种，分为浅黄色（黄白色）、黄色、黑色和咖啡色四种毛色。拉布拉多猎犬适应能力强（在世界各地均有分布）、性格活泼友善（愿与人接触）、聪明灵敏、喜好玩水、嗅觉极佳，工作意愿性较高，培训成功率高，并且拉布拉多犬是短毛犬，适合绝大部分的气候环境。

拉布拉多犬根据其外形可以分为以下几种：

荷顿型（Holton classic）：四肢比较短，但胸廓深且较大，整体看起来身体较矮且体形较宽。

布列塔尼型（Brittany）：整体看起来呈流线型，头部相对秀气，气质偏甜美。

唐那宾型（Donalbain）：体型比荷顿型稍小，但运动性能较布列塔尼型强，在比赛拾猎犬中较多。

玛德斯型（Msrdas）：体型较大，特别是头部与胸部，母犬头部更是较其他型态的母犬更加结实强壮，但是面部表现仍较秀气。

怀特摩尔型（Whitwmore）：体型相对较小，但运动性能较强，脸部修长，特别是母犬。

郎伍德型（Lawnwood）：由荷顿型和布列塔尼型近亲交配出的型态。

（二）金毛猎犬

金毛猎犬（Golden Retriever）又叫金毛巡回犬，是培训导盲犬的一个重要的品种，因其被毛较长且呈黄色（从金黄色到浅黄色）而得名。金毛猎犬的独特之处在于，其性格活泼而不失稳重、体型匀称四肢有力、对人（特别是婴幼儿）十分友善、智商很高等，十分适合导盲犬工作。

在性格上，相对于拉布拉多犬而言，金毛猎犬较为固执，个性较强，培训需要更加用心。另一方面，金毛猎犬相对成熟期比较晚，需要等到一岁以后，身体健康以及个性等状况均稳定之后，才能开始培训，而拉布拉多犬满一岁，身心发育即已成熟稳定，可以接受培训。

拉布拉多犬与金毛猎犬都是世界上受欢迎程度位于前十名的犬种，二者都具有活泼的天性，两者的几个重要差异是：

（1）拉布拉多犬表现得较为顽皮，而金毛猎犬较为稳重。

（2）拉布拉多犬基本无攻击性，少数金毛猎犬疑似有攻击性。

（3）拉布拉多犬的兴奋持续时间较长，金毛猎犬则比较短，该差异较为显著，也是作为工作犬在犬种选拔上的主要区别之一。

（4）拉布拉多幼犬期喜顽劣打闹，而金毛猎犬相对较为乖巧，故有魔王与千金一说。

三、种犬的选择

在导盲犬培育、培训的过程中，种犬的选择是一个关键环节，优良的遗传基础能够保证犬只的优良性状，为后期培训提供基础支持。

培育一只导盲犬需要投入很多的人力和物力。为节省培训成本，提升培训成功率，需要采用优生的方式，确保每只导盲幼犬的个性稳定、身体健康、聪明、学习力强，因此每只导盲犬的父母必须经过严格筛选，我们称之为导盲犬种犬。

种犬选择主要从体型外貌、血统系谱、神经类型、性格特点、生理机能、工作性能等方面进行评估选择。

（一）体型外貌

选为拉布拉多种母犬肩高应为50—60厘米，乳房四对以上；种公犬肩高应为55—65厘米，体重24—36千克，公犬体型明显大于母犬。犬的外形要头尖额宽，鼻子黑色（有的犬有其他颜色），牙齿为剪式咬合，眼睛为栗色或淡褐色。耳朵悬垂于头两侧，颈部强壮有力。尾巴的长度在后腿的飞节之上。全身各部位紧凑和谐，外形清秀可爱，四肢运动自如，身体各器官发育正常。

拉布拉多犬毛色标准为黑色、棕色、黄色和浅黄色四种，任何其他的毛色和混合毛色都不能作为种犬。黑色：被毛黑色应是全黑色而无杂毛。头、整个身躯、四肢、尾等全身都为黑色，但允许胸部带有小的白斑。而带有斑纹标记或带有棕色斑纹的黑色，则认定为是不合格，不能选为种犬。黄色：被毛黄色的范围可以从狐狸红到浅奶油色，在犬的耳朵上、背部和下腹部毛色可以呈现深浅转化的各种底纹的变化，是正常颜色表现。棕色：被毛棕色从浅棕色到深棕色均可。带有斑点或棕色斑纹的棕色是一种失格。棕色犬由于其毛色基因是纯化基因，一般不能被留作种犬，只有为生产棕色毛的犬时，才能作为种用犬。

选为种犬的金毛猎犬，体高公犬约60厘米，母犬约55厘米，体重公犬约35千克，母犬约30千克。

外貌特征上，要求体型匀称，结构坚实，步态稳重。金毛猎犬毛色为金黄和黄色不等，毛长适中，被毛平而服帖，呈波浪状，带有漂亮的饰毛，有防水的下毛。身体匀称，迅速有力，四肢虽短但不笨拙。头骨宽，颈修长而肌肉发达，吻宽而有力，额段适中。耳朵大小适中，比例匀称。两眼距离宽，色暗[34]。颈中等长，背线强，无论是站立或行动，从肩峰至稍倾斜的臀部的背线平。胸深，前胸发达，胸廓可达肘部。收腹少，行动时收紧。前肢垂直，胸深厚，臀部壮，肌肉发达，后肢膝关节适度弯曲。尾摆动协调，尾尖不卷曲，尾根部粗而发达，线条自然，尾梢可到足节部，但不超出，平举或略上弯，不卷于背上或夹于腿间[35]。

（二）血统系谱

作为导盲犬种犬，无论是公犬还是母犬，必须要有完整的血统系谱[33]。要求血统记录完整准确，祖上三代来源清楚，无攻击性、无遗传缺陷。具有良好血统系谱的同窝犬，培训成导盲犬的成功率可以达到50%以上。

（三）神经类型

犬的神经类型是指个体犬特有的能力、气质、兴趣、性格等心理特征的总和，是犬行为的标志性特点。通过了解犬的神经类型和特性，有助于使用科学的培训方法，正确地选择那些符合使用要求的犬只来进行培训。同时，也可以使我们在培训中对不同神经类型的犬采用不同的刺激和方法，因材施教，从而收到良好的培训效果。犬的神经类型分为兴奋型、活泼型、安静型、弱型四类[36]。

兴奋型的犬由于神经高度兴奋，分化抑制形成的速度相对较慢些，在培训时应循序渐进、由简入繁。

活泼型的犬的行为特点是兴奋和抑制过程都很强，在训练中形成兴奋性或抑制性条件反射的速度都比较快。这种类型的犬学习能力较强，但是稳定性较差，因此在培训中要注重调整训练进度，增加犬的稳定性，这样才能保证收到良好的训练效果。

安静型的犬相互转换的灵活性比较差，抑制过程相对突出。在训练中形成反射的速度比较慢，形成抑制条件反射较容易，形成后比较稳固。因此，培训这类犬应着重培养它的灵活性和提高其兴奋性，培训时多采用诱导的手段[37]。

弱型（胆小型）的犬所占比例较小，胆小的犬警惕性较高，容易将注意力集中在周边环境变化上，因而集中注意力的能力和抗干扰能力都较差，是四种神经类型的犬中培训成功率最低的犬。

（四）性格特点

犬的性格特征能够遗传，其遗传力中等。应选胆量大的犬作为导盲犬种犬，另外要选择适应性强、性情温顺的犬（工作中和工作以外都要温顺）。不论是母犬还是公犬，都必须通过训练和测试才能判定其性格特点是否符合导盲犬种犬的要求。

（五）生理机能

所选用的种犬，血液生理生化指标应在正常范围内；无免疫系统疾病、髋关节和肘关节发育必须正常，可以用X光等设备进行辅助诊断检查；无体内寄生虫；身体各器官发育正常。

1. 感觉生理

被选用的种犬要求听力与视力良好，嗅觉灵敏，无进行性视网膜萎缩。能感受到振频为3.5—4.0万次的超声波，对光的明暗度反应明显，视野广阔，对形象差别的视感性强。

2. 生殖生理

拉布拉多母犬的发情多集中于气温适宜的春秋两季，母犬的初情期为8—10月龄，排卵配种期约为发情滴血后的第8—15天，而后间隔100—150天开始第二次发情。此后犬的发情周期约为6—8个月。犬每次发情都需要做好发情记录，以备后期使用，要求母犬发情周期正常。公犬无明显的周期性，一年四季均可对发情母犬产生性兴奋而配种。金毛猎犬与拉布拉多犬的生殖生理大致相同。

3. 繁育性能

被选为种公犬者，要求体格要比母犬好，精力充沛、性欲旺盛、喜欢追求母犬、精子密度大、畸形率低、活力强，无单睾、隐睾等生理缺陷。公犬从2岁开始用于繁殖比较好，此时犬已完全体成熟。为了使母犬能很好地交配，必须对种公犬进行调教和交配训练，使其积累丰富的经验。种母犬要求乳头4对以上，臀部高、体格好，要求产仔多，无习惯性流产和假妊娠等症状，特别要选择母性好的犬，以保证分娩时能自己接生护理仔犬，喂奶时不踩压仔犬，寒冷时能用身体给仔犬保暖，幼犬爬出窝外时能将其衔回，开食时能吐食哺喂幼犬等。

4. 适时交配

种母犬的繁殖最好从第二次发情开始，即以第二次发情以后配种为宜，而且要求体质要好。发现滴血即进行阴道涂片观察，确定发情程度，以免错过适时交配期。从开始滴血到9—11天交配的受孕率最高。鉴别发情最简单的方法是看公犬接近母犬的亲近程度，如发现公犬和母犬非常亲近且有爱抚行为，即为母犬发情。一般建议犬在发情期间交配2次，经验丰富的种公犬会清楚地知道如何交配，对于不配合交配的母犬需要人工辅助。而在交配过程中，公母犬只臀部会紧紧扣在一起，维持10—20分钟，利于精子的前行。

（六）工作性能

导盲犬选种最重要的是使用性状优秀，符合导盲犬的所有要求，具备学习能力强、记忆力好等特点的犬。一般参考所选用种犬的全同胞兄弟姊妹的工作性能，对所选用种犬进行评估。

四、幼犬的遴选

幼犬的选择在导盲犬的培育过程中也至关重要，对幼犬的严格筛选能够及时挑选出具有优良性状的犬，淘汰不适宜培训的犬，从而提高培训效率，降低培训成本。

行为选择是幼犬选择的关键。有研究表明，幼犬是否能培训成为导盲犬与它的几个可衡量的性格特点有关，分别是适应性、身体敏感性、控制分心的能力、兴奋性、紧张性、可训练性及阶梯焦虑性。预测幼犬是否能培训成为导盲犬是很大的挑战，因为每只犬的神经类型、生活环境、社会环境都各不相同，拥有各自的性格特点[38]。

良好的身体健康状况也是成为导盲犬的重要条件。例如，髋关节发育不良的早期诊断有助于筛选合适幼犬，提高培训效率，降低成本[39]。

（一）体型外貌

体型外貌是挑选幼犬的最直接因素。由于犬的个体外貌在一定程度上反映了内部机能，体型外貌选择是确定高质量幼犬的重要因素。

幼犬的外貌可分为头部、颈部、躯干部、四肢、尾和被毛。把幼犬和成年犬的外貌体型特征进行比对，总的原则是各部位比例协调、匀称、紧凑，肌肉发达，体质健壮，姿态端正，符合其对应品种成年犬的外貌特征。

（二）健康检查

幼犬的健康状况检查主要包括以下几个方面：

1. 皮肤柔软且有弹性，不能有硬结、肥厚，要注意皮肤是否有虱、疥螨等寄生虫或其他皮肤病。有皮肤病或寄生虫的犬，在短期内一定忍耐不住，会用爪搔抓病变部位，而且会连续多次。需要看清楚犬搔抓的部位，有无红斑，再细致检查就会发现皮肤有无疾病。

2. 双耳和双眼是否正常。要选择视力、听力良好的幼犬，双耳活动灵活，耳道要清洁，没有异味，耳朵内侧以粉红色为健康。耳尖不要有皮屑，以防有寄生虫。犬如果经常侧头甩耳，可能有耳内疾病。注意是否存在眼睫毛“倒生”，鼻镜要湿润、冰凉，不能干燥、发热。

听觉检查：测试者用发声器具先发出响亮声音，再隐藏一角（通常是金属盖之类）发出声响，观察幼犬的反应，如果幼犬没有反应，可能是听力存在问题。

视觉检查：测试者先拿一些布条在幼犬前面挥舞，信心十足的幼犬将会静静研究那是什么，但强悍的幼犬会试图撕咬它，至于怯懦的幼犬会躲避它。

3. 应特别注意犬的尾部下方，“黄印”是最近患过腹泻或下痢的迹象。还要检查肛门是否有红肿或溃烂。

4. 检查幼犬的足底。柔软、不干裂的为健康犬。

5. 应注意幼犬的骨骼，比如头骨有无变形、脊椎骨有无弯曲、颌骨有无裂痕、髋关节和膝关节有无脱臼等。最好用手触摸犬的头骨、上颌骨、下颌骨，再沿颈椎骨往后摸脊椎骨和四肢骨。然后让幼犬运动看其运步和跑跳是否优美或者有跛行。最好在幼犬注意力集中时，在它的面前稍远处抛纸团或玩具，引导它向前跑或扑，看幼犬的反应是否敏捷、运动是否灵活，即可判断出四肢骨骼是否有问题。骨骼有问题的犬，很多是近亲繁殖和遗传所造成的，不适合今后的培训。这些毛病要靠挑选者细心观察。

6. 触觉检查，用拇指和食指捏着幼犬前脚中趾之间的皮蹼，口中数着 1—10 的数字，同时手指相应逐渐增加力度。若幼犬剧烈挣扎，提示将来对颈圈、束缚及训练很可能会过度敏感，而挣扎的力度最强的幼犬，今后则需要强硬的训导员。

（三）性格特征

为保证成年时容易培训并能成为一只优秀的导盲犬，幼犬的性格和行为表现也是筛选过程中的重要依据，为了解幼犬的性格特点，可通过行为测试进行评估。

幼犬在出生后 40 天左右应进行行为测试。幼犬测试要在喂完食或者上完厕所之后，最好选择能让幼犬保持冷静的环境。测试的人数为 3—4 人。一个人在测试环境内，其他人在测试环境外，来观察幼犬的情况，记录测试的结果。测试主要包括以下几个方面：

1. 幼犬对陌生人注意力的行为表现

正常情况下，一个测试人员进入测试室后，幼犬就会注视测试人员的行为表现，并跟随人的运动而移动视线；当人完全静止时，幼犬就会走神或者不看人。表明幼犬对人的行为关注而不易分心。

2. 幼犬与人接触的行为表现

测试人员要跪在幼犬前面一段距离，呼唤幼犬过来，幼犬尾巴竖起或垂下，向人奔过来。观测者通过幼犬的行为表现——或与人直接接触，或与人保持一段距离，或不接触测试人员，或中途态度犹豫、观望等来进行判断（图 3-1-1）。

图 3-1-1　幼犬呼唤测试

3. 幼犬随行的行为表现

测试人员先站起来慢行，以吸引幼犬追随。观测者通过幼犬的行为表现——或愿意跟随，兴奋、翘尾，跑到脚下玩耍、扭动身体摇尾紧贴测试人员，或垂尾、夹尾，有些迟疑、被动地跟随，或无动于衷地不跟随进行判断。其中自信心强的幼犬必定会主动追随，而胆怯的幼犬可能会迟疑地欲行又止。

4. 幼犬接受触摸（社会优势）的行为表现

该测试的主要目的是考察幼犬对社会支配性的接受程度。测试人员蹲在

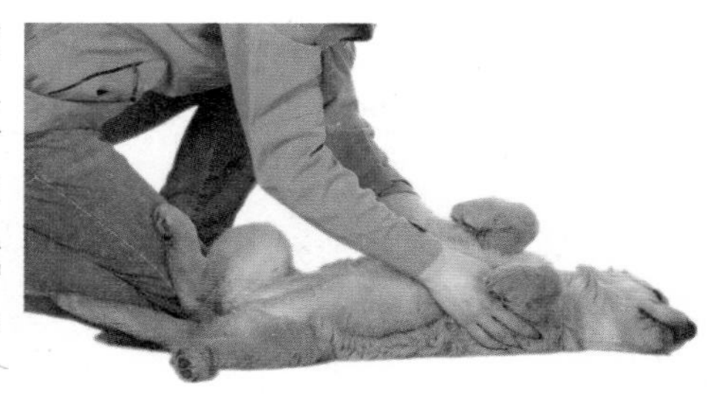

幼犬旁边，将幼犬扶起站立，自头顶向下轻轻抚摸背部，不断抚摸，直到幼犬有明显反应。观测者通过幼犬的行为表现——或选择上前抱住测试者，或试图舔测试者的脸，或扭动身体并试图舔测试者的手进行判断。

5. 幼犬被约束时的行为表现

该测试主要目的是考察幼犬被控制后的反应。测试人员先将幼犬翻在地上四脚朝天，用一只手平按着它的胸口，并稍微用力限制它不许活动（图 3–1–2），以双眼盯着它的眼半分钟。观测者通过幼犬的行为表现——或不断地挣扎，或断断续续地挣扎，或开始有挣扎行为，然后不动、目光游移等进行判断。

图 3–1–2　幼犬约束测试
上图：幼犬被束缚时挣扎程度小
下图：幼犬被束缚时挣扎较强烈

6. 测试幼犬气度

在完成测试 5 之后，测试人员立刻将幼犬放在面前，温柔抚摸它全身、轻轻地对它说话等。幼犬表现为：或与测试者互动、舔舐测试者手，或躲避测试者，但不离开测试者，或立即离开测试者。那些仍乐于和测试者接触的幼犬是完全可以和人群相处的，易于培训成导盲犬。而对于不忘记刚才的被束缚、不愿接受和解、气度不宽宏的幼犬，则将会比较难以接受训练。

7. 测试幼犬适应度

测试人员用双臂将幼犬抱在胸前，站半分钟左右，目的是考验幼犬在不能控制的环境下如何应对。幼犬表现为：或者能够舒服地躺在臂弯，或刚开始反抗，然后平静下来、舔手等，其长大后就较容易适应陌生环境。

8. 测试幼犬胆量

测试人员将幼犬置于测试场地中央，位于测试场外面的助手制造刺耳的金属噪音，观察犬的反应。如果幼犬对声音无反应，测试人员诱导其注意并接近声源。幼犬表现为：或轻度的震惊，或听到声音后畏缩，或者听到声音

图 3–1–3
幼犬举高胆量测试
左图：胆大幼犬表现
右图：胆小幼犬表现

后后退、躲藏等。声音停止后重复这样的测试来进行判断。

测试人员用手从幼犬前肢腋下穿过，将幼犬举高，观察幼犬身体反应。胆大幼犬表现为：身体放松，尾巴左右摇摆（图 3–1–3）；胆小幼犬表现为：身体紧张，尾巴向后腿内侧夹紧（图 3–1–3）。通过以上这些测试选择出来的幼犬，经过家庭寄养后，培训成为合格导盲犬的几率将大大增加。

五、存在的问题及不足

犬的繁育是导盲犬培育的重点工作，是导盲犬培训的前提和基础。导盲犬繁育中仍存在诸多亟待解决的问题。

（一）缺乏先进繁育技术

繁育方面的一系列先进技术还没有在我国导盲犬基地应用。在母犬分娩延迟或分娩突然停止的情况下使用母犬的诱导分娩技术，可以提高母犬生产质量。人工授精技术可以使某些自然交配困难或交配难度大的公母犬达到顺利繁殖后代的目的。冷冻精液技术，能够使优良种公犬的优良基因得以长期保存，有效避免了因优良犬死亡而无法延续优良犬品种的状况[40]。因此，可借鉴国内外先进的犬繁育技术和经验，建立切实可行的操作程序，使之尽早服务于我国导盲犬的繁育工作。

（二）缺乏专业营养师

影响种犬繁殖性能的因素很多，如遗传、营养、环境卫生以及配种管理等，其中营养是十分重要的因素之一。营养水平的高低不仅直接影响种犬的繁殖性能，还直接影响胎儿的健康状况。幼犬阶段是犬一生中至关重要的生命阶段，该阶段的营养水平决定了犬一生的健康状况。因而，依据繁育期种犬和出生后幼犬的不同阶段的特殊营养需求，进行营养学调控，将有效提升种犬的繁育性能和幼犬的健康水平。

目前种犬的繁育和寄养前幼犬的照料主要在导盲犬基地完成。但由于经费缺乏，没有设置营养师的专职岗位，基本依靠犬的自然繁殖本能及商品化的种犬和幼犬的犬粮来维持，因而不能依据犬品种的特性及实际情况进行系统化即时的营养调控。这一状况不仅不能最大化地发挥种犬的繁殖性能，也不能有效保障幼犬的健康成长，存在很多潜在的不确定因素，是影响导盲犬事业发展的客观原因。解决这一问题仍需政府及社会爱心团体的支持，加大资金投入，设置专职岗位和引进相应的人才，保障繁育种犬及幼犬的良好营养水平。

（三）缺乏专业接产及护理人员

一般情况下，母犬生产时能够凭本能处理，但当母犬体质虚弱、分娩困难时则需要进行助产。接产、助产需具备专业技术，在母犬生产不同阶段需采取相应处理，然而目前缺少专业接产人员，导致无法应对特殊情况。另外，母犬分娩后也缺少专职护理人员，难以对产后母犬提供优良的产后护理，无法为生理机能尚不完全的新生仔犬提供更加专业的照顾。为防止新生幼犬被母犬压死、踩伤，或吃不到初乳而无法获得免疫或挨饿，也需要有专业人员随时观察和处理。通过引进从事接产及产后护理工作的专职人员，可有效保障母犬生产安全，仔犬健康成长。

（四）缺乏优良种犬的引进

引进优良种犬是保证种犬更新和延续优良性状的重要途径，但目前尚缺乏完善的种犬引进程序。引种地的正确选择，对引进犬纯度、来源、性状等的全面了解，严格的检疫工作[41]等没有严格规范的实行方法和准则。另外，资金的缺乏导致种犬引进数量较少，频率较低，难以满足需求。因此，在犬只引进工作中仍需加强对先进技术的学习和人才的引进，向着科学引犬、科学繁育发展，保证引种的有效性。政府和爱心团体的相应资金支持和投入，将有力保障种犬引进工作高效开展。

第二节　导盲犬的寄养

一、概述

犬幼年时期是其性格形成的关键时期，导盲犬需要长时间陪伴在使用者身边，需要在人类的社会环境中生活，所以使其学会与人类和谐相处至关重要。

导盲犬的寄养是指在幼犬出生 45 天到 1 岁之间的时期，让犬到社会上的寄养家庭中去生活，目的是使犬只在幼年时期就习惯和人类亲密接触及相处（图 3-2-1），熟悉人类的家庭和社会生活环境，并养成良好的家庭素养，为之后的培训提供基础。

图 3-2-1　幼犬与寄养家庭

幼犬寄养的具体目的是赋予幼犬导盲犬的资质，包括以下几个方面：

1. 家庭教育：使导盲犬与视力残疾人成为一家人时，能够成为老实、忠厚、稳重的犬，教育幼犬要养成良好的品行和家庭素养。

2. 社会化：让幼犬接触到多样的社会。根据年龄和性格，让幼犬接触各种环境，这样才能让它在以后的受训过程中很快地适应环境。

3. 让更多人参与到导盲犬事业中。

寄养的主要流程为：寄养家庭提出申请寄养幼犬→基地工作人员对寄养家庭进行评估→通过评估的寄养家庭，到基地签订协议→开始寄养幼犬。

导盲犬基地的工作人员会定期访问寄养家庭，以便相互沟通了解幼犬的个性特点，更好地观察幼犬的成长状况，指导寄养家庭教育幼犬，解答寄养家庭的疑问。寄养结束后，寄养家庭按时将幼犬送回基地。

二、寄养家庭的责任和义务

寄养家庭在幼犬的寄养过程中扮演着非常重要的角色，因为导盲犬幼犬的基本训练、对待方式及日常生活习惯的养成与一般家养宠物犬截然不同：如不能以人类的食物喂食、每天有足够的散步或运动时间、不得让幼犬爬上家具睡觉等。因此，寄养家庭必须严格遵照寄养家庭指导手册对幼犬进行寄养，严格管理犬的行为习惯。

（一）寄养要求

1. 自觉履行《导盲犬幼犬寄养家庭协议书》的义务和责任；

2. 有爱心、耐心、责任心，家庭所有成员认同导盲犬事业的理念和宗旨，乐于为中国导盲犬事业奉献爱心；

3. 严格按照《导盲犬寄养家庭指导手册》内容培育幼犬；

4. 家庭所有成员同意寄养导盲犬幼犬，且家庭所有成员均无动物皮毛过敏史；

5. 具备较高的寄养家庭素养，最好有抚养幼犬的经验；

6. 能够承担幼犬在寄养过程中的基本饲养费用；

7. 家中有成年人管理幼犬，并有人有足够的时间看护和陪伴幼犬；

8. 可在室内饲养幼犬，居住地附近应有供幼犬室外活动的场地。

（二）注意事项

导盲犬在其幼犬期也同一般宠物犬一样很贪玩，一不小心也会惹上麻烦。根据未来工作需要，对导盲犬幼犬的培养有比一般宠物犬更严格的要求。所以，在寄养过程中需要预防以下经常出现的问题：

1. 容易吞咽的东西和物品需要收好。

2. 除了犬粮、犬食品、犬咬胶、饮用水以外，不要喂其他食物。一方面，重油盐或添加其他调料的食物对犬的消化系统是一种负担，不利于犬的身体健康；另一方面，幼犬吃过其他食物知道其美味之后，会更难抵挡美食的诱惑。在未来工作中与使用者同行时，受食物诱惑引起分心则可能会导致危险。

3. 除了犬专用玩具以外，其余的物品不能当作玩具消遣，特别是报纸、袜子等在日常生活中随处可见的物品，若当成玩具玩耍，则会在以后的导盲犬培训中造成麻烦。

三、幼犬的寄养

（一）了解幼犬

虽说犬很通人性，但它们也有自身的行为基准和想法。了解犬的世界，会更有效地教育好幼犬，更会享受到养犬的乐趣。

犬具有很强的“等级”意识。它们通过姿势、行为和表情来进行对话，维持它们的秩序。

成为家族一员的幼犬有时会出现想成为家族“领袖”的想法，这时它会做出作为领导者守卫自己地位的一些举动，即表现出支配性，当然人们对它的“统治”也很困难。

在幼犬养育过程中寄养家庭须处于领导地位，对幼犬要严厉而果断，不溺爱它，但又能适时原谅它们的错误。

玩玩具时：玩具的主导权在主人，不能给它玩具任它摆布。

吃饭时：命令它先坐着等待，然后再吃。

睡觉：不能让它靠近主人的床，要在指定的区域睡觉。

通过门的时候：主人先走，进行坐着等待的训练。

（二）幼犬培育内容

1. 适应人类生活环境

导盲犬的良好素养始于幼犬期的培养，幼犬在寄养期间就需要学会适应人类的生活环境、养成良好的生活习惯、学会与人类交往。

指导方法：引导幼犬适应寄养家庭、适应人类生活环境。寄养家庭成员要经常与幼犬交流、互动。

注意事项：幼犬刚离开母犬开始与人类一起生活时，会感到不适，寄养家庭成员需要有足够的爱心和耐心指导和引导幼犬适应人类的生活环境。寄养家庭成员在经常与幼犬交流和互动中让幼犬读懂人类的面部表情，听懂人类语言的含义。

2. 养成良好生活习惯

幼犬养成良好的生活习惯既可以避免给寄养家庭带来困扰，还有助于后期培训。而良好的生活习惯是逐步养成的，包括：饮食、排便、独自在家，规定区域活动（不上床、沙发等），不破坏家居物品，不剧烈运动（奔跑、上蹿下跳），不吠叫，不翻垃圾桶等习惯。

指导方法：预防幼犬不良行为的发生：若幼犬表现良好，需及时表扬；若幼犬有不良行为表现时，要及时制止并纠正（图 3–2–2）。

注意事项：要明确且及时纠正幼犬的不良行为，及时鼓励幼犬的良好表现。

图 3–2–2
训练寄养幼犬养成良好习惯
左图：纠正幼犬翻垃圾桶行为
右图：纠正幼犬上沙发行为

3. 认知社会环境

寄养期是犬社会化行为形成的关键时期，此时幼犬的神经系统发育迅速，寄养家庭引导幼犬探索和认知多样化的社会环境，可以减少幼犬的恐惧心理，自信地面对各种刺激，更好地适应各种社会环境。幼犬接触的社会环境越复杂，成年期的稳定性和适应性就越强。因而，在寄养期，寄养家庭须尽量丰富幼犬的社会经历。

指导方法：带幼犬探索和认知多样的社会环境，包括：商场、市场、各种交通工具和环境、学校、公园、娱乐场所、建筑工地、各种人或动物等（图 3–2–3）。

图 3–2–3
寄养家庭带犬外出熟悉社会环境

注意事项：幼犬探索新鲜事物主要依靠嗅、吞和咬的方式，因此寄养家庭成员带幼犬外出时，必须佩戴牵引链，控制幼犬，保证幼犬安全的同时防止幼犬扰乱社会秩序。另外，在幼犬探索新鲜事物时，寄养家庭成员须有底线地满足幼犬的好奇心。

4. 建立主从关系

犬是群居动物，具有很强的"等级"意识，遵循"服从领袖"的行为原则。寄养家庭成员须确保和坚定自己的"领袖"地位，这样幼犬才会"臣服"于你，听从指令。若幼犬成为家庭中的"领袖"，它就会表现出支配欲，不听从指令，难以管教。因而，寄养家庭成员与幼犬建立坚固的主从关系是培育幼犬良好家庭素养的前提。幼犬的服从训练是建立人与犬之间主从关系的主要手段，可帮助幼犬学会如何与人类相处，服从人类的指令。

指导方法：寄养家庭所有成员须通过服从训练确立自己的主导地位，幼犬的任何活动都要由寄养家庭掌控（图 3–2–4）。幼犬的服从训练主要包括坐、卧、等待、随行等。

注意事项：积极的鼓励性训练易让幼犬接受，且有利于幼犬养成良好的行为习惯；长期的惩罚性训练，会增加幼犬的恐惧，而恐惧正是导盲犬培育失败的最常见原因之一。所以寄养家庭在培育幼犬时，应以鼓励性训练为主，尽量不采用惩罚性训练。

图 3-2-4
幼犬在主人口令下等待

5. 学习与陌生人或动物和睦相处

攻击性是导盲犬淘汰的标准之一，因而幼犬必须学会与陌生人或其他动物和睦相处，养成良好的社会性，杜绝攻击行为的发生，这也是导盲犬的必备素质之一。

指导方法：幼犬与陌生人接触时，不能让陌生人耍弄、恐吓幼犬，避免幼犬对陌生人怀有敌意，进而产生攻击性。若幼犬表现出扑人、咬手等不良行为，必须及时制止。幼犬与其他动物接触时，允许互相嗅闻打招呼（图 3-2-5），但若其他动物表现出攻击迹象，须马上将幼犬带走。若幼犬表现出

图 3-2-5
幼犬与其他犬只接触

攻击倾向，必须及时制止。

注意事项：在陌生人或其他陌生动物接近幼犬时，一定要注意幼犬的变化，若幼犬表现出恐惧迹象，必须让幼犬与陌生人或动物分离，并及时安慰幼犬。若幼犬表现出过度兴奋，则必须让幼犬安静下来。

6. 养成良好的游戏习惯

游戏可增进犬与人之间的情感，有助于提高幼犬解决问题的技巧和能力，为后期的培训提供有利条件。

指导方法：耐心地引导和鼓励幼犬玩指定的玩具（图 3–2–6），幼犬按照指令玩耍或衔取玩具须及时表扬幼犬。

图 3–2–6
寄养家庭引导幼犬养成良好的游戏习惯

注意事项：每次只能给幼犬一个玩具，有助于培养幼犬的注意力。同时给幼犬太多玩具会降低幼犬对玩具的兴趣，使犬的注意力分散。

7. 乘坐交通工具

乘交通工具出行是现代人出行的主要方式之一，若导盲犬在幼犬时期就能熟悉和熟练地乘坐各种交通工具，在后期导盲犬的培训过程中，会消除犬在乘坐交通工具过程中的恐惧和不安。另外，乘坐交通工具是幼犬的新体验，可培养幼犬适应新环境的能力。

指导方法：乘交通工具之前要禁食和禁水，避免犬晕车，并做好排尿和排便的工作，避免犬在车上排尿或排便。把幼犬安置在规定位置。如果幼犬表现出抗议的行为，不予理会。在到达目的地后，不能急于放开幼犬，要命令其等待，然后再打开门，拴上牵引链，抱出来。

注意事项：在乘交通工具时，有些幼犬会流过多的口水，或晕车呕吐，即便如此，也一定要坚持带幼犬乘交通工具，让幼犬逐渐适应。在乘交通工具时不能夹伤幼犬，伤害会使幼犬对交通工具产生惧怕心理。另外，在到达目的地后，不能让犬随意冲下车，以避免发生交通事故。

8. 因犬施教

每只幼犬的性情和接受能力不同，寄养家庭需根据幼犬的特点，结合基地的要求，进行个性化管教。发扬幼犬的优点，纠正幼犬的缺点。

指导方法：多疑的幼犬，需加强针对性的脱敏训练。胆小的幼犬，须常带犬接触和探索多样的外部环境，建立犬的自信心。固执的幼犬，通过正确的引导，改变不良习惯，养成正确习惯。兴奋型的幼犬，须增加稳定性训练。

注意事项：幼犬在不同发育时期表现出的行为问题不同，寄养家庭须有足够的耐心引导和教育幼犬，采用实际而有效的方式，改变幼犬的不良习惯，帮助幼犬养成良好的性情。

（三）幼犬培育过程

1. 发育期

幼犬发育期指 2—3 月龄的时期，在这个时期需培养犬的饮食习惯，训练犬在室内固定地点及室外排便，适应室内环境，初期接触户外环境，以及戴牵引链行走。

2. 成长期

成长期指幼犬的 4—5 月龄时期，这个时期需培养犬基本生活习惯，使其养成良好饮食习惯，调节饮食结构，学习室外排便，培养基本社交能力，培养良好的乘交通工具的习惯，培养良好的户外素养，有底线地满足幼犬的好奇心，以及基本的服从训练。

3. 青春期

青春期指幼犬的 6—9 月龄，此时须培养幼犬良好的生活习惯、良好的稳定性及服从性，引导幼犬探索多元社会环境，有底线地满足幼犬的好奇心，并加强基础训练，立规矩。

4. 稳定期

稳定期指幼犬的 10—12 月龄，这个时期须巩固犬的生活训练，加强基础训练、外出社交训练及适应社会环境的训练，另外须进行一些特殊训练。

（四）幼犬培育方法

1. 适应新环境

幼犬初到寄养家庭中，面对新的环境会有不适应的情况，此时要给它熟悉环境的时间，犬将家里各个角落熟悉后，最好再给它一些休息的时间，不要总是抚摸它。幼犬的笼子须放在人们经常能看到的地方，就寝时让它排完便再进笼子睡觉。

幼犬晚上睡觉时会哭闹（吠叫、呜咽、低鸣），这时候千万不要去摸它或者把它从笼子里放出来，这样可能会导致幼犬以后都会以哭闹来让主人解决睡觉的问题。一般情况下幼犬5—10分钟内会睡着，如果犬长时间表现不安，可以将幼犬的笼子用布遮挡，或给幼犬放些舒缓的音乐。这样坚持几天就会养成良好习惯。

睡前少量运动、放进软绵绵的玩具或用毛巾包着的小闹钟、收音机的声音都会对睡眠有帮助。

2. 正确的饮食习惯

幼犬饮食需定时定量，吃完立即收回食盆。在幼犬进食时不要妨碍它。

幼犬每天需要充足的新鲜饮用水。

吃饭前后 1 小时，请不要让幼犬剧烈运动，否则容易引起呕吐。

不要让幼犬咬食盆或当玩具使用。

3. 排便训练

幼犬的排便时间在早上睡醒时、外出前后、饭后、玩耍后、哭闹时及睡觉前。

（1）室内排便。

幼犬在完全形成免疫体质之前，即出生后 12 周以前，在室内铺上报纸等让幼犬排便。初期一般以 2 小时为间隔就要给幼犬排便机会，最好不要超过 2 小时，随着犬的成长可适当增加间隔的时间。将幼犬带到指定场所后给它充分时间排便。

当幼犬自己去找排便场所或在指定场所排便时，及时夸奖它。

要使幼犬能尽快养成良好的排便习惯，寄养家庭的指导和帮助是不可缺少的。要掌握好幼犬的排便时间，须持续地观察幼犬的行为。在知道排便时间的基础上给幼犬排便的机会，成功了就给予奖励。

（2）室外排便。

一般在幼犬出生 12 周以后，即免疫体系完全具备后，引导其室外排便。使幼犬根据命令排便，并逐渐延长忍耐的时间。

4. 独自在家

适应与家人之间的相处之后，可以试着让幼犬自己在家待着。通过这样的练习可缓解幼犬独自在家时的不安情绪，这样以后成为导盲犬，自己独处时也不会慌张和不安。

先让幼犬自己待着，观察几分钟，并逐渐延长时间。幼犬独自在家时，不要用长绳拴起来（长绳会缠在幼犬身上，很危险），在其具备良好品行之前最好放在笼子里。将犬独自放在家里之前，应给它散步时间和排便机会，让它在舒适的状态下进笼子等待。

5. 不良行为矫正

（1）食物诱惑。

在日常生活当中会看到很多美食，幼犬一旦吃过，就很难抵挡住美食的诱惑，以后成为导盲犬会给视力残疾人士带来生命危险。因此，在食物方面需对幼犬进行严格要求。

矫正方法：

除犬粮、犬食品、磨牙棒、饮用水外，不要喂其他食物。

不要用食品或犬粮与幼犬玩耍。

吃饭时，不要让幼犬凑过来，让它坐在远处等待或牵犬绳让它趴在脚边等待。幼犬叫唤时不要理睬。

不要用手喂犬粮或其他食物，会使幼犬对人手上的食物感兴趣。

（2）衔取东西。

幼犬喜欢用嘴确认各种东西，与伙伴之间也喜欢咬着玩。同样，有时也会喜欢含着主人的手或胳膊。如果放任它这种行为，则以后会带来不良后果。

矫正方法：

幼犬若想含手时及时制止，不要把手从嘴里抽出来，以免划伤。

（3）咬坏物品。

大部分幼犬在 4—5 个月龄时喜欢咬各种东西打发时间，不安和玩耍时也会寻找要咬的东西，须让它区分开能咬的和不能咬的。

矫正方法：

日常用品和易损物品请收好。

不要把日常用品当玩具给幼犬玩。

给幼犬专用玩具或和它一起玩，为了防止幼犬失去对玩具的兴趣，一次性不要给它很多玩具，可以换着让它玩，玩完了就收起来。

用适当的运动供幼犬消遣。

（4）吠叫。

幼犬偶尔叫一两次是很自然的，但有时也会因不安或恐惧吠叫。这时可根据幼犬的姿势来判断吠叫的原因，并让它安静下来。但当家里有客人来访、见到邻居家的宠物犬，或为了引起人们注意时的习惯性吠叫是绝不允许的，特别在各种公共场所更不能乱叫。这种乱叫的不良习惯应在初期改正，否则随着幼犬的成长会越来越难改。

矫正方法：

幼犬为了引起人的注意力吠叫时，不要理睬它。

大声叱喝会更刺激幼犬吠叫的行为，可以让犬坐下来，然后用温柔的声音使其镇定。

持续的矫正会有较好的效果，让幼犬害怕不是目的，幼犬停止吠叫时就应及时奖励或称赞。

幼犬有时会因为需要什么而叫，所以首先要考虑幼犬的需求，同时在吠叫时让它停止。如果幼犬安静下来后，可以对它的要求进行满足。

（5）嗅闻。

犬靠嗅闻来确认事物，在新的环境或接触陌生人时可允许幼犬闻味，但要限定时间，在一处持续闻味是不可以的。

（6）扑人。

扑人会给使用者带来危险，幼犬不允许有这种行为。

矫正方法：

幼犬站立扑人时，对它进行制止，腿放下之后，给予称赞。

再扑时抓住它的前腿（不要让它误会成这是玩耍），让幼犬感觉到不舒服为止。不要对幼犬发脾气，而是让它知道，扑人不是件舒服的事情。把前爪放下来时称赞它。

如果觉得幼犬能理解了，仍继续要扑时，及时制止它的行为。停止时及时给予奖励。

（7）上椅子或床。

幼犬爬上家具是错误的行为。抱着幼犬坐上椅子，它就会认为椅子和沙发也可以上去，所以幼犬只能坐在地上。

矫正方法：

当幼犬要爬上椅子等家具时及时制止。

经常爬上的椅子上面可放些衣挂等物体让它感到不舒服。

指定幼犬的座垫，当幼犬坐在那里时称赞它。

6. 运动

幼犬根据年龄、体格大小、身体发育程度等需要适当的运动。步行训练也能成为运动之一，也可以在安全的区域内（没有玻璃碎片等危险因素、四面封闭的地方）自由奔跑。

当幼犬步行速度减慢、气喘吁吁、总想趴着时说明它已经累了。先观察幼犬的疲劳程度再调节运动时间为宜。

正确方式：

牵着犬绳时不要快跑，避免以后戴上导盲鞍也会有快走或小跑的习惯。

避免做过激的兴奋性游戏（如在过高的台阶跳上跳下），对幼犬关节不好。

不要让幼犬有蹦蹦跳跳的坏习惯，因为在着地时会损伤关节。

喂食前后 1 小时不要做运动，剧烈运动会造成幼犬呕吐。

炎热的夏天请减少活动量，清晨或晚上时可在凉快的地方做适量运动。

7. 清洁和健康管理

（1）梳毛。

梳毛可保持身体清洁，对预防疾病和防止掉毛很重要。每天梳毛比洗澡能更有效清洁身体，而且有助于皮肤病的早期发现，也是检查健康状况的好机会。通过每天梳理毛发，也能充分去除灰尘等脏物。

方法：

刚开始梳毛时间短些，之后逐渐加长。

利用幼犬安静休息时间梳毛（图 3–2–7）。

不要让幼犬把梳子当成玩具。

让幼犬明白梳毛是件愉快的事情。

（2）洗澡。

频繁洗澡会去除皮肤上天然脂肪成分而使皮肤变得干燥，会引发皮肤疾病。每月洗 1—2 次即可。方法：

用温水洗浴。

毛湿透了用犬专用浴液清洗。浴液一定要冲干净，不然残留在皮毛上的浴液会引发皮肤病。

等幼犬自己甩掉身上的水分后再用毛巾擦干净。用嘴“呼”吹一下幼犬的耳朵，幼犬会甩头把耳朵里的水甩出来。

利用吹风机把毛吹干。

图 3-2-7
寄养家庭定期为幼犬梳毛

8. 训练

对幼犬的训练包括基础训练中的呼唤、等待、名字训练、牵绳步行训练，以及社会化训练。

（1）对话方法。

为了让幼犬明白主人对它的要求，需要有一贯性的行为和奖励、称赞以及矫正方法。

（2）一贯性。

幼犬是通过经验学习的。先明确对幼犬的要求，以统一的方法教会幼犬。

得到满意的表现，请及时奖励。例如，在外面排便，吃食坐着等待。相反做错时，例如爬上椅子，咬坏墙纸时严厉制止。这种训练直到幼犬的行为完全得到矫正为止。

偶尔爬上椅子也不管，吃饭时不坐着等待也喂饭，这样会让幼犬混淆自己的行为基准。

（3）称赞。

每次做对了就及时进行称赞，兴奋性高的幼犬只用声音称赞，不用加以动作。

称赞时请用充满高兴的语气称赞。重要的不是说话的内容而是说话的语气。

（4）矫正。

世上没有完美的犬，犬都会做出令我们不愿意的举动，经过反复地矫正，才能使其具有良好的品行。矫正不是责骂，而是让幼犬明白对和错。

矫正后一定要观察幼犬的行为变化。做对了请立即称赞，如果没有效果则需要更强的矫正。

矫正必须是当场的。幼犬犯错误时，须当场对它进行矫正。制止了就要告诉它怎样才能得到称赞和奖励。对已经过去的事情再进行矫正或责骂也是无济于事，幼犬不会理解你的意图，不会理解你为什么会生气，只会使它感到不安和恐惧，对矫正一点帮助也没有。

不能情绪化地对待幼犬，这样会使幼犬产生不安情绪，也会失去对人的信任。

四、寄养期评估

寄养期幼犬评估是指对正在寄养期的幼犬定期进行评估。评估将在寄养期间三个不同阶段进行：幼犬 2 月龄（刚到寄养家庭），幼犬 7 月龄（寄养 5 个月左右），幼犬 12 月龄（送回基地，未培训）。评估目的是为了考察寄养对幼犬的影响，了解幼犬的气质形成的过程，把握幼犬成长状况。

1. 社会性

通过测试人员与犬在房间中的互动，观察犬在以下情况时的反应：

（1）陌生人吸引犬注意力时犬的反应。

（2）犬对陌生人的跟随情况。

（3）陌生人给予犬压力时犬的反应。

通过以上测试了解犬的社会性。

2. 响声

测试犬对突然出现的响声的反应。

3. 游戏 1（生活用品）

测试犬对移动的碎布的反应。

4. 游戏 2（仿真小动物）

测试犬对移动的仿真玩具的反应。

5. 撑伞

测试犬对突然撑开的伞的反应。

五、存在的问题及不足

寄养期是幼犬性格形成的关键时期，寄养家庭对幼犬的社会化训练至关重要。因此，对寄养家庭的遴选和确保寄养期间幼犬得到良好的养护和教育是目前寄养期间面临的难题。

（一）寄养家庭数量少

寄养家庭是奉献爱心、志愿服务的一种形式，是无私奉献、服务社会精神的体现。在寄养期间，寄养家庭不仅需要奉献自己的爱心，还要具备责任心、恒心、毅力。在实际工作中，常常会出现寄养家庭报名数量少、幼犬得不到寄养的现象。已经寄养的幼犬也会出现中断寄养送回基地的现象，中途弃养会对幼犬的身心健康产生严重的影响，导致培训成功率大幅降低。另外，寄养家庭周边的社会环境对幼犬的成长具有举足轻重的影响，而在寄养家庭数量得不到保证的情况下，具备优良社会环境的寄养家庭更是稀缺资源。这些问题都极大地阻碍了家庭寄养工作的有效开展。解决寄养家庭紧缺的难题，需要政府机构、导盲犬基地以及爱心团体的协同努力，加大对导盲犬事业的宣传力度，让社会民众了解导盲犬的价值及幼犬家庭寄养的重要意义，号召更多的爱心人士加入到导盲犬幼犬的寄养工作中。

（二）寄养家庭素质良莠不齐

寄养家庭的素质关乎幼犬的健康成长和接受良好教育的程度。在寄养家庭数量得不到满足的背景下，寄养家庭的多样性以及素质的良莠不齐成为遴选合格寄养家庭的难点。

合格的寄养家庭须严格执行寄养家庭协议，履行养护和教育幼犬的义务，为导盲犬的培训提供优秀“后备军”。在幼犬出现不良行为习惯时，寄养家庭须及时予以纠正和教育。但有些寄养家庭不能认真执行寄养准则，不能及时改正甚至是纵容犬的不良行为，使犬养成了难以纠正的不良习惯，对后期培训造成了很大阻碍，须投入更多人力物力来纠正犬的不良行为习惯，事倍功半。

因此，建立完善的寄养家庭遴选方法和标准，加强对新寄养家庭的沟通和指导，特别是维护优秀寄养家庭的良好循环运转是目前乃至今后努力的方向。

（三）寄养家庭责任感不足

寄养家庭在幼犬寄养期间须承担相应的责任与义务。部分寄养家庭责任感不足的关键点在于不能正确理解寄养的意义。家庭寄养在导盲犬培育过程中具有关键性作用，并涉及寄养前后人、财、物的大量投入，寄养阶段的失败，将导致大量资源的消耗和浪费。

大部分的寄养家庭能够按照规定完成幼犬的寄养程序，并为之付出大量的时间精力以及财力和物力，为导盲犬事业做出了无私的奉献。但由于经验不足、专业知识缺乏、对寄养各项规定理解不到位、过于宠爱幼犬等原因，少部分寄养家庭在幼犬的营养、教育、社会化等方面的重视程度不够、责任感不强，常常将幼犬当作宠物犬来对待。

寄养期须持续一年左右的时间，这不仅需要奉献爱的激情，更需要恒心与毅力。少部分寄养家庭因激情驱动而寄养幼犬，但在后期漫长的寄养过程中，因幼犬的顽皮、损坏室内物品、教育程序的繁琐复杂、经验不足、工作调动等种种原因而放弃寄养，使幼犬蒙受被遗弃的心理阴影，培训成功率几乎为零，丧失了幼犬寄养的意义。

另外，在长期的寄养期间，少部分爱犬的寄养家庭对犬产生了深厚的感情而拒绝将犬送回，虽然寄养家庭会因此而承担相应的违约责任，但这不但使基地在前期犬繁育阶段的努力以及寄养阶段的指导和家访等工作都付之东流，而且还增添了诸多不必要的调解和纠纷。

解决上述问题，导盲犬基地须建立完善的宣传和指导体系，在寄养前充分阐明寄养家庭的责任与义务，使其了解寄养期间可能面临的问题，做好思想准备。另外，导盲犬基地要确保在寄养期间与寄养家庭保持沟通，以便在出现问题时能及时给予解答、指导和帮助。

（四）寄养家庭选择的区域受限

由于导盲犬基地人、财、物的短缺，目前无法实现对异地寄养家庭的家访，因而只能在导盲犬基地附近的地域募集寄养家庭，这是导致寄养家庭的数量和质量难以达标的重要因素之一。今后，随着政府加大支持与资金投入力度，社会各界爱心人士对导盲犬事业的持续支持，遴选寄养家庭的地域将得以不断拓展，带动更多高素质寄养家庭不断地加入和积累，有望破解家庭寄养工作的瓶颈。

第三节　导盲犬的培训

一、概述

导盲犬的培训是指寄养结束后，经评估合格的犬进入培训期，开始接受导盲犬技能培训。培训的基本原理是利用犬行走时避开障碍物的自我保护本能，通过训练将犬的自我保护机制扩大至视力残疾人，引领使用者躲避障碍物。训练总时间应不少于 6 个月。每只犬每天的训练时间宜为 1—3 小时，每天训练不超过 2 次，每次间隔不少于 2 小时。

培训目的在于让在训犬熟悉视力残疾人的各种工作环境，达到评估的各项标准，为服务视力残疾人的基本要求做好准备，还要依据使用的实际情况接受专项训练，以满足特殊环境使用者的特殊需求。

经过评估合格的在训犬应具备引领使用者绕开障碍物、上下楼梯、乘坐交通工具等基本能力，并记住 30 个以上的口令、7 个以上的目的地，真正地实现帮助视力残疾人独立安全的出行。

二、培训前评估

培训前评估是指犬在接受正式培训前所做的所有评估，旨在全面掌握犬的性情和行为学特点，及时淘汰因先天或后天因素导致的不符合要求的犬，并对评估合格的犬提供后续的个性化培训方案。

（一）调查问卷

幼犬寄养结束后，寄养家庭把幼犬送回基地时，由最熟悉幼犬的寄养家庭成员按照幼犬平时的行为表现，如实客观地填写一份幼犬性情评估调查问卷[42]，为犬行为学的全面评估提供借鉴。

（二）犬的客观行为学测试

幼犬结束家庭寄养，回到基地后，首先要做客观行为学测试，即犬的心理评估测试（Dog Mentality Assessment，DMA）[43]。DMA 测试主要包括 10 项子测试及 33 个行为变量测试（附表 7）。每个行为变量通过 1—5 强度来描述犬的行为反应，客观评估犬的社会性、专注性、胆量、声音敏感性、游戏性、稳定性、攻击性、兴奋性等行为学指标。

通常社会性好、专注性好、胆量大、对声音敏感度低、稳定性好、没有攻击性的犬在培训中表现更佳，更容易培训成为导盲犬。而兴奋性中等的犬在训练中表现会更好一些。培训中，犬的游戏欲望是犬建立对任务的条件反射的重要基础，游戏性决定了犬与训导员的协作能力，犬的游戏性会影响导盲犬的训练效果。

依据测试的结果，淘汰不合格的犬，并为合格犬提供后期个性化培训建议。

1. 社会接触测试

利用特定陌生环境和陌生人的刺激来引起犬行为的反应，通过犬在测试中对陌生人的反应，观察犬的社会性。

2. 游戏 1

通过拔河游戏测试犬和陌生人玩耍的兴趣，观察犬的游戏性、专注性、兴奋性。

3. 追逐测试

通过犬对小的迅速移动的物体的行为反应，观察犬的专注性、游戏性。

4. 被动测试

通过犬在没有改变的刺激环境中的行为反应，观察犬的兴奋性、社会性。

5. 距离测试

通过犬对于邀请游戏和远距离的举止古怪的陌生人的反应，评估犬的胆量、社会性、攻击性、游戏性。

6. 突然出现测试

通过犬对突然出现的假人的反应，评估犬的胆量、攻击性。

7. 金属响声测试

通过犬对金属响声的反应，评估犬的胆量。

8. 扮鬼测试

通过犬对奇装异服的反应，评估犬的胆量、攻击性。

9. 游戏 2

通过再次测试犬和陌生人玩耍的兴趣，评估犬的游戏性。

10. 枪声测试

通过犬对巨大响声的反应，评估犬的胆量。

（三）犬的主观行为学测试

除了客观的 DMA 测试外，还要对犬进行主观行为学测试，即步行评估。步行评估是经验丰富的训导员引领犬在不同的社会环境中多次步行后，由训导员对犬的稳定性、焦虑度、敏感度、紧张度、注意力集中程度、行走意愿性、主观学习能力等方面进行全方位的实地评估。步行评估的社会环境主要选择居民区、商业区、闹市区等路线。

三、培训项目

（一）训练用基本工具

1. 脖圈、牵引链

脖圈和牵引链主要用于控制和牵引犬，以便在犬犯错时对其进行及时的纠正和提醒。脖圈的材质主要为 P 链（纯金属链）或半 P 链（金属与帆布组合链），牵引链主要为帆布带或皮带。P 链刺激较强，用于训练；半 P 链刺激

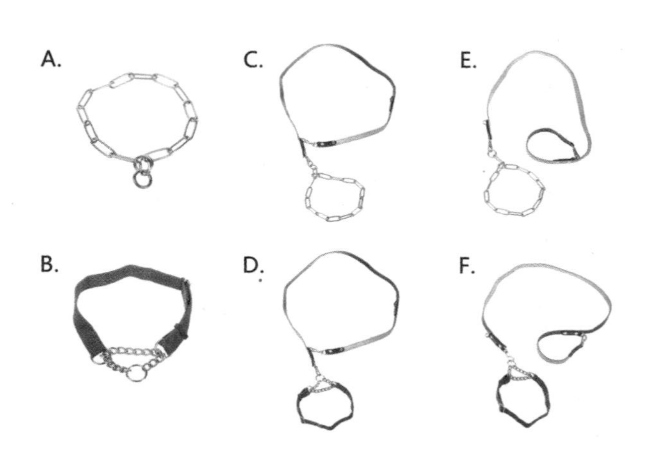

图 3-3-1
脖圈和牵引链的种类
A. 训练用脖圈；
B. 日常拴犬用脖圈；
C. 行走训练用脖圈和牵引链；
D. 日常行走用脖圈和牵引链；
E. 排便训练用脖圈和牵引链；
F. 生活排便用脖圈和牵引链。

相对较弱，主要用于日常拴犬（图 3–3–1）。使用时需要注意脖圈的正反扣，并且训练用脖圈不能用于日常拴犬。

2. 导盲鞍

导盲鞍由鞍架、鞍把和鞍标三部分组成（图 3–3–2）。训导员主要通过导盲鞍的鞍把感知犬的行走状态，控制犬行为。另外，佩戴导盲鞍提示犬进入工作状态，鞍标提示路人该犬为导盲犬而非宠物犬。

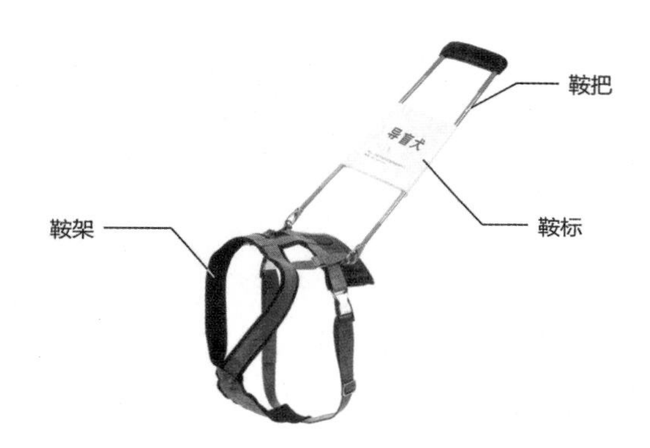

图 3–3–2
导盲鞍

3. 马甲

马甲的主要用途是在乘坐公共交通工具时防止脱毛，雨雪天提示路人该犬为导盲犬（图 3–3–3）。

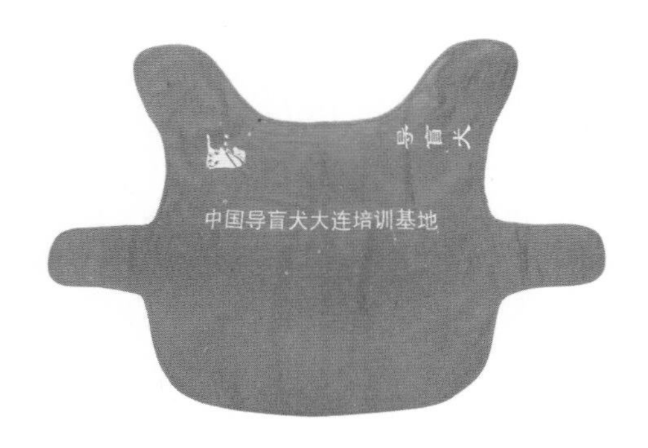

图 3–3–3
马甲

4. 人工路障

人工路障主要用于训练犬躲避障碍物的能力，在训练场地中或行走路线时人为地设置地面障碍或空中障碍。人工障碍应取材于实际障碍中的常见物品，尽量减少人工痕迹。如轮胎、石块、三角锥路障、晾衣绳、树枝等。

5. 食盆

食盆主要用于服从训练中的喂食等待和步行训练中的食物奖励。喂食等待训练中用的食盆为日常用的食盆，食物奖励用食盆通常采用便携式食盆（图 3–3–4）。

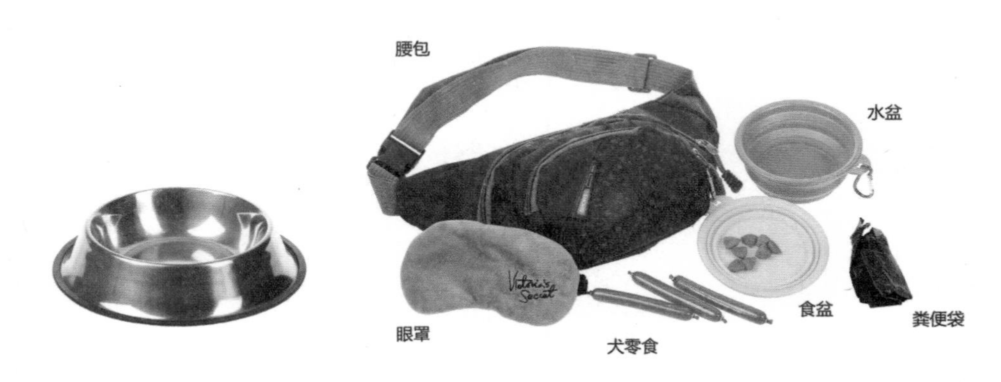

图 3–3–4
日常用食盆（左）
训练用腰包及便携式训练用品（右）

（二）基本指令、站位

训练过程是人与犬建立明确的主从关系并进行交流和互动的过程，以便犬能安全、顺利地完成训导员下达的各种指令。训导员与犬的交流主要依靠训导员的各种明确的口令和动作来完成，二者相互配合使用，以达到犬能够无误地完成训导员各种指令的目的。现将训练过程中常用的口令、站位和动作分别简介如下：

1. 基本指令

指令的传达常常由口令和相应的动作共同完成，动作是对口令的辅助和诠释。通过训导员的口令和肢体语言共同提示犬执行各项指令。

（1）命令的指令及语气。

命令指令主要用于传达训导员对在训犬的指令。命令语气要坚定、有力、清晰、短促。主要有："坐下""卧""起来""等着""靠""停下""左转""右转""后转""找路""走吧""看车""跟人走""直走"等。

（2）询问的口令及语气。

询问口令主要用于视力残疾人在仅凭自身判断不能判明路况时，须由犬自主判断，适机引领视力残疾人行进。询问语气要柔和、上扬。口令为："走吗？"等。

（3）纠正错误的口令及语气。

纠正错误的口令主要用于犬出现各种错误或不良行为时。纠正错误的口令要在犬将要出错或刚刚出错的当下下达，以达到纠正错误的良好效果。纠正错误的语气与命令语气相同，但更加严厉。口令主要由禁止口令"NO"开头，并加上与各种错误相对应的辅助口令，如"离开""不许闻""小心"等。

（4）鼓励的口令及语气。

鼓励口令主要用于在训犬在训练过程中有进步，或在工作过程中有良好表现的情形。在训犬有良好表现时，训导员应及时鼓励和表扬，以提高犬的工作意愿，但鼓励的度要适当，过度的表扬会降低犬对鼓励的敏感性。鼓励语气要轻快、柔和、欢喜。口令主要有："good""好宝宝""很好"等。

（5）辅助语及语气。

辅助语主要用于步行过程中与犬进行交流，以提醒犬要集中注意力，同时也提醒路人适当和及时地避让，另外也可避免犬的工作过程过于枯燥乏味。辅助语语气要平和、轻快。辅助语较为广泛灵活，如"今天的阳光真温暖""看到障碍一定要绕开""好好走，回家有好吃的"等，可不断地重复叙说。

2. 基本站位（图 3–3–5）

图 3–3–5
基本站位：
0 号位（A）
1 号位（B）
2 号位（C）
3 号位（D）

人与犬在行进、等待、转弯、停下等不同状态时，人与犬的相对站位不同，以便二者能够默契配合，保证出行的安全和顺畅。

（1）0号位（头位）。

人站在犬头部的右侧。主要应用在上下楼梯、滚梯等情况。

（2）1号位（肩位）。

人站在犬肩部的右侧，主要应用在停下、左转等情况。

（3）2号位（腰位）。

人在犬的后腿前窝部位的右侧，主要应用在正常行走、右转等情况。

（4）3号位（臀位）。

人在犬尾根部位的右侧，主要应用在向后转等情况。

（三）服从训练

人与犬坚固的主从关系是犬引领人安全、顺畅行走的前提，也是高效完成其他训练科目的基础。而服从训练是高效建立人与犬主从关系的基本方法。服从训练的主要科目如下：

1. 坐下

训导员下达“坐下”的指令时，在训犬应马上坐在地上。“坐下”的指令

图 3-3-6
坐下

由口令“坐下”和相应的动作共同完成（图 3–3–6）。

2. 卧

训导员下达“卧”的指令时，在训犬应马上由坐姿转变为卧姿。“卧”的指令由口令“卧”和相应的动作共同完成（图 3–3–7）。

3. 起来

训导员下达“起来”的指令后，在训犬应马上由卧或坐姿转变为站姿。“起来”的指令由口令“起来”和相应的动作共同完成。

4. 等待

训导员下达“等待”的指令后，在训犬应在原地不动，等待训导员的召唤，“等待”的指令一般在“坐”或“卧”的指令后下达，由口令“等着”和相应的动作共同完成（图 3–3–8）。

5. 过来

训导员下达“过来”的指令后，在等待或玩耍中的犬应马上响应，来到训导员身边。“过来”的指令由口令“过来”和相应的动作共同完成。

6. 靠

训导员下达“靠”的指令后，犬应头向前靠坐在训导员左腿旁。“靠”的

图 3–3–7
卧

图 3–3–8
等待

指令由口令“靠”和相应的动作共同完成。

7. 随行

训导员下达“随行”的指令后，在没有牵引链束缚的情况下，犬能够在训导员的左侧或右侧跟随训导员的步速步行，与训导员的步调一致。“随行”的指令由口令“随行”和相应的动作共同完成。

8. 喂食等待

训导员发出相关指令后，犬应按照指令坐下等待一定时间后进食。喂食等待的指令由口令“坐”“等待”“吃吧”和相应的动作共同完成。

（四）步行训练

引领视力残疾人安全、顺畅地出行是导盲犬的首要工作内容和职责，因此步行训练是重中之重的训练内容。步行训练系统性强、科目繁多。在训犬通过系统的步行培训应熟练掌握引领人安全、顺畅出行的各种技能。步行训练的主要训练科目简介如下：

1. 转弯训练

在导盲犬引领视力残疾人出行的过程中，视力残疾人常常需要对犬下达左转、右转、后转的指令，以便及时应对行进过程中出现的各种状况，调整方向，保证顺畅地到达目的地。在培训中，训导员下达左（右）转的指令时，犬应向左（右）进行 90 度的转向，训导员下达后转的指令时，犬应向后进行 180 度的转向。指令由口令“左转”“右转”“后转”及相应的动作共同完成。

2. 上下台阶和楼梯

台阶和楼梯是视力残疾人出行时常遇到的建筑设施，很容易发生绊倒或踩空的危险情况，导盲犬应具备引领视力残疾人安全上下台阶和楼梯的能力。台阶是指只有一阶的台阶，如路肩（又称路缘石，俗称马路牙子）。而楼梯是指超过一阶的所有阶梯。

在培训中，上下台阶（图 3-3-9）和楼梯时，在训犬应提前减速，并于台阶前停下，训导员感知后，下达指令，与犬一同上下楼梯。

3. 靠边和走直线

视力残疾人在出行中，有时需要经过只有车道没有步行道的路段。因距离行驶的车辆很近，非常容易发生刮碰的危险。导盲犬引领视力残疾人在车

图 3-3-9　上台阶训练（上）；下台阶训练（下）

道上行走时，应具备靠边和走直线的能力，以避免危险情况的出现。指令为“靠左边”“靠右边”“直走”。

在人靠近车流、犬靠近路边行走的情况下，犬应尽量靠近路边行走，不向右偏移进入车流。在犬靠近车流、人靠近路边行走的情况下，犬应在给人留有足够右侧安全距离的同时，沿马路靠边直走，不向左偏移进入车流。

4. 躲避路面障碍

视力残疾人在独自行走过程中常常会遇到坑洼、突出的井盖、人为设置的各种路障、临时施工摆放的建筑材料等路面障碍，易发生磕绊等危险情况。导盲犬应具备引领视力残疾人绕开各种路面障碍，确保视力残疾人安全的能力。

在培训中，在训犬在遇到路面障碍时，应减速慢行，主动绕开路面障碍，引导训导员选择最佳路线行进（图 3-3-10）。如犬没有提前绕开障碍，则应在障碍前停下，训导员探知路面障碍后，下达“找路”“绕开”的指令，在训犬依据指令，寻找合适的路径绕行。

5. 躲避空中障碍

视力残疾人在行进过程中，常会遇到空中障碍。由于障碍在半空中，视力残疾人借助盲杖不易感知，因而极易发生碰撞危险。导盲犬应具有引领视力残疾人躲避空中障碍的能力。常见的空中障碍主要有晾衣绳、低垂的树枝、固定电线杆的铁锁、施工脚手架等。

躲避空中障碍是在训犬训练的重要科目之一，主要通过提前预判、向右（左）绕开、返回原路线三个阶段进行训练（图 3-3-11）。

6. 躲避右肩障碍

导盲犬引领视力残疾人步行时，犬一般位于视力残疾人的左侧，视力残疾人的右半身容易碰撞到固定和移动的物体而受到伤害，是视力残疾人的重要安全障碍之一。常见的右肩障碍主要有广告牌、店铺敞开的门、汽车的后视镜、人流等。

在培训中，在训犬在引领训导员行进时，应在训导员的右侧留有 0.5 米左右的安全距离，保护训导员右侧身体的安全（图 3-3-12）。

7. 过马路

视力残疾人独自过马路不仅困难，而且危险。导盲犬可引领视力残疾人躲避车辆，跟随人流安全地过马路。在培训中，在训犬引领训导员过马路时，应具有不偏离斑马线、跟随人流行进、注意和躲避来往车辆的能力。过马路的口令是“走吗”。

另外，训导员在过马路的过程中，戴眼罩训练时须高举右臂，以引起来往车辆司机的注意，增加安全系数。但日常训练过程中尽量不举手，举手不利于犬判断车流、车速的能力培养（图 3-3-13）。过马路时，训导员要不断重复“别分心”“直走”“看车”的口令，以提醒犬注意力集中。

8. 乘坐交通工具

视力残疾人出行常需乘坐各种交通工具，因此导盲犬应具备引领视力残疾人安全乘坐各种交通工具的能力。交通工具主要包括公共汽车、出租车（汽车）、飞机、火车、轮船、有轨电车等。在培训中，在训犬引领训导员乘

图 3-3-10
躲避路面障碍训练

图 3-3-11
躲避高空障碍训练

图 3-3-12
躲避右肩障碍训练

图 3-3-13　过马路训练

坐各种交通工具时要注意以下事项：

（1）犬要熟悉各种交通工具；

（2）犬在各种交通工具上要稳定地保持着工作状态，采取坐姿或卧姿，不得吠叫、随地大小便、随意走动；

（3）犬要做好控食、控水及乘坐交通工具前排便的准备工作；

（4）训导员在交通工具上安顿好后，应及时把犬用牵引链固定好，并将犬的尾巴放置好，防止踩伤或夹伤。

9. 过门

门是视力残疾人进出各种建筑物时必须经过的设施，也是视力残疾人容易被撞伤和夹伤的地方。导盲犬应具备引领视力残疾人安全经过各种门的能力。门的类型较多，按开启的方式主要有平开门、推拉门、旋转门等。

以平开门为例，在培训中，在训犬引领训导员到达门口时，犬应站在门开合口的外侧，训导员打开门后，犬先过门，训导员随犬过门，注意在犬完全通过门后再关门，防止门夹伤犬的尾巴。

10. 乘电动直梯

电动直梯是现代住宅小区和公共场所常用的便利设施，导盲犬应具备引领视力残疾人安全乘直梯的能力。在培训中，训导员下达“找直梯”的口令后，在训犬引领训导员到达直梯门口停下，安静等待，直梯门打开后，人与犬稳步进入直梯轿厢，在轿厢内犬头向门，靠左边或右边站稳，人面向犬。直梯到达目的楼层后，训导员下达指令“走吧”，由犬引领稳步离开直梯。

11. 乘电动扶梯

电动扶梯是现代公共场所常用的便利设施，导盲犬应具备引领视力残疾人安全乘电动扶梯的能力。电动扶梯主要有三种：阶梯式上下楼电动扶梯、板式上下楼电动扶梯、板式平行电动扶梯。三种电动扶梯都要进行训练，训练方法基本相同。训导员下达“找扶梯”的口令后，犬引领训导员到达扶梯口停下，训导员感知扶梯速度，与犬稳步上扶梯，到达扶梯终点时，协助犬及时离开扶梯继续前行。

12. 寻找目标物

视力残疾人在出行时，除了在导盲犬的引领下安全、顺畅地到达目的地外，还经常需要在导盲犬的引领下，顺利、安全地找到步行途中的各种目标物，如找垃圾桶扔垃圾、找厕所如厕、找座位休息、找商场内服务台进行询问等。导盲犬应具备依照指令顺利、安全地引领视力残疾人找到各种目标物的能力。

寻找目标物的指令仅为口令“找桶”“找卫生间”“找座位”“找柜台”等，没有相配合的动作。注意在训练过程中发挥犬嗅觉灵敏的特长，利用目标物的特殊气味使犬准确辨识目标物的位置。对没有特殊气味的目标物，则主要利用目标物的特殊形状使犬进行准确的辨识（图 3–3–14）。

图 3–3–14
寻找座椅训练
左图：教授犬辨识座位
右图：犬找到座位后给予表扬

13. 眼罩训练

导盲犬训练的终极目标是由犬引领人安全、顺畅地到达目的地，而不是人引领犬行走。因此，在犬训练的最后两个月，训导员要戴眼罩，实际模拟视力残疾人的出行状态，检测犬是否真正熟练掌握导盲犬应具备的各项技能，查找犬的弱项和短板，以便进行针对性的强化训练，使犬能够完善技能，成为合格的导盲犬。注意在眼罩训练的过程中，要有工作人员随从，以保护训导员的安全。

14. 脱敏训练

犬经常因嗜好、好奇、惊吓等原因对某一事物产生强烈的兴趣或恐惧心理，从而在工作中产生严重的分心，危及视力残疾人的安全。因此要依据具体情况，针对每只在训犬特别感兴趣或惧怕的事物进行专项脱敏训练。

依据使犬产生分心事物性质的不同，脱敏训练的方式也截然不同。对于在训犬嗜好事物的脱敏训练要采取即时禁止和减少接触次数的方式以降低犬的嗜好程度（图 3–3–15）。而对于在训犬惧怕或好奇事物的脱敏训练要采取多次接触的方式以降低犬对该事物的敏感度。犬惧怕和好奇的事物因犬而异，如鞭炮声、打扮举止异常的人、不明物体、小动物（图 3–3–15）等。

15. 其他训练

由于不同视力残疾人的生活环境和行走路线环境不同，导盲犬应具有在各种生活和行走环境中引领视力残疾人安全到达目的地的能力。因此，在训犬训练时，除了上述的主要训练科目外，还有一些其他的次要训练科目，如雨中训练、夜间行走训练、农村土路训练、狭窄通道训练等，在此不赘述。

图 3–3–15　拒食训练（左）与抗干扰训练（右）

图 3–3–16　办公室训练

（五）办公室训练

导盲犬在引领视力残疾人到达工作地点后，视力残疾人常常需要在工作地点进行长时间的工作，因此要求导盲犬具备在指定地点长时间安静等待的能力。犬在指定地点安静等待的期间内，可以采取坐或卧的姿势（图 3–3–16），进行独自玩玩具、饮水等活动，但不得出现吠叫、随地大小便、随意走动、偷食食物、翻垃圾桶、翻乱破坏其他物品等不良行为。

（六）家庭素养训练

导盲犬完成工作后回到家中，其性质与宠物犬相同，需要视力残疾人的关心、爱护等情感呵护，也需要与视力残疾人进行游戏等情感互动。因此，导盲犬在家中不必安静地守在某一固定地点，可以随意在家中走动玩耍。但由于视力残疾人存在视觉障碍，生活中多有不便，因此要求导盲犬在家中也要具有良好的家庭素养，不给视力残疾人增加额外的负担。如导盲犬在家中不得出现吠叫、随地大小便、偷食食物、爬上床铺桌椅、翻垃圾桶、翻乱破坏其他物品等不良行为。

四、培训期评估

培训期的评估是指在训犬在交付视力残疾人之前，要进行一系列的考试评估（图 3–3–17），以确保其熟练掌握导盲犬的各项技能。

评估主要由评估组独立完成。评估组是独立于其他部门的评估部门，一

图 3-3-17
在训犬的考核评估

切以视力残疾人的安全为出发点，秉承公正、公平、严格、负责的原则，以评估规范训练科目、提高训导员的训练技能，进而维持导盲犬的高质量和名誉。犬的评估结果为通过、继续训练、淘汰三种。在阶段性评估中，一般情况下，合格的犬评判为通过，不合格的犬评判为继续训练。但对于无法达到评估标准的犬，要及时淘汰。

培训期的评估分为前期评估和后期评估。

（一）前期评估

前期评估是评估在训犬的安全性导盲能力。导盲犬的主要职能是安全地把视力残疾人引领到目的地，安全性是导盲犬必须具备的最基本和最重要的能力，因此这部分评估应遵循宁严勿宽的原则，只有通过安全性评估的犬，才能进行后期的综合性评估。前期评估项目见附表 8。

（二）后期评估

后期评估是评估在训犬的综合性导盲能力，除包含安全性评估的内容外，还要评估犬的稳定性、移交性、意愿性、服从性、准确找到目的地的能力等。后期评估项目见附表 9。

五、存在的问题及不足

我国导盲犬的培训技术最早从澳大利亚引进，在此基础上，结合我国视力残疾人的出行需求和出行路况，经过不断地摸索和改进，已经形成一套符合我国国情的导盲犬培训体系。目前，我国导盲犬的平均培训成功率约为40%，基本达到国际平均水平。但仍存在很多问题和困难亟待解决。主要有以下几个方面：

（一）交通环境复杂，培训难度大

我国是世界上人口最多的国家，同时也是世界上最大的发展中国家。近年来，随着我国科学技术的迅猛发展和社会生活水平的快速提高，车辆的数量和种类也急剧增多，但由于交通基础设施建设相对滞后，造成道路交通环境不断恶化和复杂化。导盲犬为适应这一国情，必须具备应对各种复杂交通状况的技能，才能保证视力残疾人士的出行安全。因此我国导盲犬的培训难度大、周期长、成本也大幅增加。

1. 交通路口通行困难

交通路口是视力残疾人士出行的必经之路，也是最困难和最危险的区段。而目前我国交通路口处交通环境的复杂性使得导盲犬引领视力残疾人士过马路的困难和危险系数大大增加。

交通路口处的机动车抢行、车速过快、不按交通规则行驶的情况时有发生。行人过马路不看红绿灯、抢行等行为也司空见惯。另外，电动自行车作为现代便捷的交通工具，在我国已被广泛使用；共享单车迅速崛起，数量急剧增加；外卖行业的火爆，送外卖的电动车辆频繁穿行。这些非机动车在行驶过程中声音小，行驶路线不确定，在路口处快速骑行、抢行等现象严重。这些复杂的路口交通环境给导盲犬的培训提出了一个艰巨的挑战，要求导盲犬具备准确判断车速、人流和过马路最佳时机的能力。此外，个别路段的马路口没有斑马线，给培训导盲犬的定位能力增加了难度。

2. 人行道不通畅

由于机动车数量的剧增，停车难成为普遍社会现象。因此人行道常常被各种车辆占用，行人只有下到非机动车道才能通过，而这也使视力残疾人士的出行更加不便。因而，通过非机动车道避让人行道上的车辆成为我国导盲犬的必训科目，同时也给培训导盲犬工作增加了难度和工作量。

因此，我国上述的复杂交通状况对导盲犬的培训质量提出了更高的要求。政府相关部门应进一步完善交通法律法规，整治交通环境，改善出行路况，降低导盲犬的培训难度，增加导盲犬的输出量，服务更多的视力残疾人士。

（二）培训场所受限

我国的法律法规明确规定，不允许携带宠物犬乘坐公共交通工具和进入道路、公园、广场以外的公共场所。社会民众常常把导盲犬视为大型宠物犬。工作人员因害怕导盲犬引起顾客恐慌，以及担心犬毛脱落、排便等卫生问题，常以宠物犬的相关规定为由拒绝导盲犬乘坐公交车和地铁等公共交通工具和进入银行、超市、餐馆等公共场所。

实际上，导盲犬并非宠物犬，而是温顺、没有攻击性的工作犬。我国的法律法规明文规定，视力残疾人可以携带导盲犬乘坐公共交通工具和进入公共场所。政府部门及社会各界爱心团体和人士应加大对导盲犬的宣传力度，让民众了解和认知导盲犬。

在训犬的培训过程中，必须结合视力残疾人所处的社会生活和工作环境进行实地训练，才能达到最佳的培训效果。然而，当训导员带领在训犬进行实地训练的时候，常常会遇到各种阻力和不理解，使得训练无法有效开展，培训场所受到了很大的限制。

在训犬与导盲犬的性质相同，应当享受与导盲犬相同的规定。政府相关职能部门应出台相关政策和法律法规，为在训犬的培训工作提供支持和便利。可给训导员颁发工作证明，并给相关部门发布文件，准许持有工作证的训导员带领在训犬乘坐公共交通工具和进入公共场所。另外，训导员也有责任监管在训犬在公共场所的行为，并保证卫生，如定期给犬洗澡，梳理毛发，确保无异味。

（三）专业人才紧缺

导盲犬训导员在我国是一个新兴职业。同发达国家的导盲犬培训基地相比，我国的专业训导员人才稀缺。我国没有专门的导盲犬训导员培训学校，有认证资格的训导员都是从国外学习获得的。因而，对我国绝大多数人来说，导盲犬训导员是一个陌生的职业。

另外，我国的导盲犬培训机构都是公益组织，训导员薪资低、工作辛苦，每天要进行 2 万到 3 万步的行走训练，风吹日晒。因此，训导员都是满怀热忱和奉献精神的年轻人，但到了适婚年龄，面临着结婚生子、后代教育等生活上的精力、体力、时间、经济等各种压力，很多有经验的训导员不得不另谋生计，造成训导员人才流失严重。

为保证我国导盲犬事业的健康发展，政府机构应设立导盲犬的专业人才培训学校，开展训导员资格认证工作，培养更多的导盲犬专业人才。还要加大投资力度，重视和关爱训导师职业，提高薪资水平，减少人才流失。

第四节　导盲犬与使用者的共同训练

一、概述

共同训练是指视力残疾人与导盲犬共同学习、磨合、训练，让导盲犬适应视力残疾人及其生活习惯与环境，并服从视力残疾人的指令，引领视力残疾人安全出行的培训过程。

视力残疾人作为导盲犬的使用者，须在共同训练期间建立与导盲犬之间的主从关系，掌握使用和管理导盲犬的技术方法，具备操控导盲犬安全出行的能力。导盲犬与使用者须在共同训练期间相互配合、理解，并为最终达到“人犬合一”的境界奠定坚实的基础。

共同训练学习期为45天左右，学习内容包括理论和实践两个部分。根据使用者的学习情况、适应能力及与导盲犬的配合情况，为其制定和设计个性化的培训计划。

二、申请者的评估

（一）申请条件

1. 关心、热爱导盲犬事业，赞同基地宗旨；

2. 使用者须为视力残疾人，自愿申请使用导盲犬，并出具当地残联证明；

3. 年龄在18—60周岁之间，有自理能力，非双重残疾，无影响正常行动能力的重大疾病（耳聋、糖尿病、高血压、心脏病、关节炎、帕金森综合征、小儿麻痹等）；

4. 具有基本的定向行走能力，须有固定的出行路线和作息时间；

5. 能独立饲养和管理导盲犬（喂食、排便、卫生等）；

6. 可自行负担养护导盲犬日常费用（食物、防疫、卫生、医疗等）的基本经济能力；

7. 心理健康，热爱生活，有积极的人生观；

8. 能够有 45 天左右的时间同训导师一起完成共同训练，听从训导师的指导；

9. 全家人都赞同使用导盲犬，全家人无动物皮毛过敏史；

10. 先天性视力残疾人士须有光感或影像感。

（二）申请程序

1. 符合申请条件的使用者可通过电话或基地网站直接向基地提出申请；

2. 基地工作人员到申请者居住地进行实地考察，审核申请者的申请条件，评估申请者的实际情况，并解答申请者的相关问题；

3. 若申请者符合申请条件，申请者须如实填写申请表及相关资料，并附上正规医院出具的体检证明，以信件的方式邮寄到基地；

4. 基地评估组依据申请者提供的资料及工作人员实地考察的结果，判定申请者是否适合使用导盲犬，工作人员在 7 个工作日内将结果通知申请者；

5. 申请合格的申请者将被列入使用者候选名单，等待基地的通知；

6. 使用者到基地与后备导盲犬进行匹配；

7. 训导员为使用者筛选出最适合的导盲犬，并制定个性化培训计划，进行共同训练。

（三）申请者的评估

申请者的评估主要包括家庭评估和能力评估两项。评估地点为申请者的居住地和申请者常去的 3 个及以上目的地。考核组根据申请者提供的资料及工作人员实地考察的结果判定申请者是否可以使用导盲犬。

1. 家庭评估

为了审核申请者的申请材料，工作人员需对申请者的申请条件、家庭情况、出行情况及社会支持情况等事项进行实地评估。评估时间约为 3 天，主要评估项目如下：

（1）申请者的申请资料是否真实；

（2）申请者的经济状况能否承担养护导盲犬的日常费用；

（3）申请者居住地的交通状况及出行路线的实际路况；

（4）申请者的邻居、周边居民、工作单位，以及居住地的社会环境对导盲犬的接受程度；

（5）申请者的家庭成员是否赞同其使用导盲犬，是否有动物皮毛过敏史；

（6）申请者能否为导盲犬提供适当的居住和生活环境。

2. 能力评估

为了评判申请者是否有能力使用导盲犬，工作人员须对申请者的听力、行走能力、定向能力等各项能力进行评估。评估时间约为 1 天，主要评估项目如下：

（1）自主活动能力；

（2）理解问题及学习的能力；

（3）影像感；

（4）定向和定位能力（阳光定向、内外时钟定向等）；

（5）步行速度；

（6）对交通情况的判断能力及凭借听力独自过马路的能力；

（7）上下楼梯能力；

（8）申请者的自主判断能力；

（9）申请者的触感能力。

三、配型

为了给申请者筛选出最适合的导盲犬，需要对申请者与毕业犬的匹配情况进行评估。评估时间约为 1 天，评估地点选择在基地。主要评估申请者与毕业犬在体型、步速、特性和能力等方面的匹配程度。考核组根据申请者与 2—3 只毕业犬在测试中的表现，对申请者与毕业犬的匹配情况进行评估。基地根据申请者的具体情况、申请者与毕业犬行走时的感受及考核组的建议为申请者筛选出最适合的毕业犬。主要评估项目如下：

（1）申请者与毕业犬的体型；

（2）申请者与毕业犬的步速；

（3）申请者的性格与毕业犬的个性；

（4）申请者的工作性质、能力强弱与毕业犬的特长；

（5）申请者的生活和工作环境与毕业犬的素养。

四、使用者的培训

（一）培训前准备

了解导盲犬是学习使用导盲犬的前提，虽然导盲犬都具备合格的工作技能，但每个导盲犬都有自身的特性。每位使用者在参加培训前应掌握以下情况：

1. 熟悉环境

使用者须首先自己适应基地的生活和环境。

2. 熟悉导盲犬工作用具

熟悉导盲犬工作用具是学习使用导盲犬的基础。正确使用导盲犬的工作用具可以帮助导盲犬进入工作状态，并控制导盲犬。熟练掌握犬工作服的穿着、牵引链的佩戴、导盲鞍的使用等。

3. 建立情感关系

使用者与导盲犬之间必须具有理解与友爱、平稳而坚定的感情。声音是使用者与犬沟通的主要途径，使用者主要通过声音来控制犬的行为。使用者的声音会告诉犬所有的信息。使用者的声音要平静，但语气要坚定有力，这样使用者才能快速获得犬的尊重。使用者应试着去揣摩犬下一步的行为，尽量用声音来管理犬，而不是利用身体动作。

（1）真挚的感情。

虽然导盲犬能够适应不同的关系，达到不同的工作要求，决定训练成败的根本是真挚热情的鼓励和理解犬。

（2）理解犬的思想。

服从群体领袖的天性是导盲犬的工作基础。人必须要成为“群体领袖”，而不能用食物诱惑来获得尊重。要保持正确的态度、协调性和工作要求。既要将犬视为工作犬，也要像饲养者一样来看待犬。如果把导盲犬视为宠物，犬的态度会受到不良且很危险的影响。

（3）团队合作方面。

使用者与导盲犬是一个工作的整体，二者要以正确的方式扮演各自的角色，这就是团队合作。犬需要它的领袖来指领，所以团队合作的概念并不仅仅是对犬而言的。

（二）基本站位和指令

1. 基本站位

0 号位：犬的头部。

1 号位：犬的肩部。人的两脚要站在犬右肩的水平线上，左手握鞍子的手柄并向后方伸展。

2 号位：犬的后腿前窝部位。正常行走时的位置。

3 号位：犬的尾根部位。在人位于 1 号位的基础上，右脚向后迈一步，左脚向后迈半步。

2. 基本指令

（1）前行：使用者向左前方伸出右臂，对犬发出“走吧”的口令。

（2）左转：人在 1 号位直立，右脚向左前方迈一步，同时身体向左转 90 度，左脚跟上，右手于体右侧向左前方挥臂的同时下达口令“左转”。

（3）右转：人在 1 号位直立，右脚向后迈一步，同时右手向人体右侧挥动，同时下达口令“右转”。

（4）后转：人在 1 号位直立，右脚向后迈一步，同时右脚向右外侧转。右手拍打右腿外侧，同时下达口令“后转”。

（三）步行训练

1. 速度的控制

导盲犬正确的行走速度是一种安全的速度，而这个速度是由使用者来选

图 3-4-1
训导师教授视力残疾人学习使用导盲鞍

择，而不是由犬来选择。安全的速度指的是在具体的行进路况中适合的速度（图 3–4–1）。如果路况繁忙、拥挤或是不熟悉，需要减慢行进速度。而如果是相反的环境下，使用者和导盲犬可以相对加快速度。

2. 躲避障碍训练

躲避障碍行走是指使用者与导盲犬无需太大的动作，亦不必离开人行道或是原来路线就可以绕开障碍正常行走。但是，避开障碍还有种情况是，导盲犬判断障碍物的宽度需要离开人行道或是原来的行进路线，走到马路上或其他路线上才能绕过障碍，然后再返回到原来的路线（图 3–4–2）。

图 3–4–2
训导师教授视力残疾人躲避右肩障碍

3. 模拟交通训练

模拟交通训练是导盲犬训练中最重要的训练科目之一。由于训练难度大、周期长，所以要采用不间断的、一致性的重复训练来保证犬的行动符合标准（图 3–4–3）。

犬的天性并不害怕车辆，它们对车辆的态度很大程度上取决于早期的经历。实际上，寄养家庭责任中的一项就是要使幼犬接触到交通环境，当它长大回到基地时，为确保稳妥会在交通繁忙的地方进行评估。

模拟交通训练包括一系列的器械训练、联想以及巩固和重复训练。犬通过模拟交通训练后，当有车辆进入使用者的危险范围时，它必须拒绝前行或者视情况停下来。

汽车行驶到人行道时的行进方法：当导盲犬和使用者在沿着人行道行走

图 3-4-3
训导师教授视力残疾人士斑马线定位（A）、过马路（B）、过马路后定位（C）。

时，有辆车从他们前面驶上人行道，犬必须要停下来，让车先通过。

马路边有停车时过马路的方法：当导盲犬和使用者要过马路时，若有车停在他们的左侧，挡住了犬的视线，犬看不到从左面驶过来的车时，导盲犬应带领使用者继续前行，在能看清车流和路况的位置停下，等待过马路。

4. 在住宅区内行走

在住宅区行走是导盲犬引领使用者所遇到的最普遍的路况。对于一些使用者来说这是他们唯一使用导盲犬的地方，但对于其他使用者来说，这只是他们每天出门和回家的必经之路。不过，住宅区为导盲犬提供了很好的训练场所，如右肩训练、躲避垂下的树枝和矮树丛训练、控制速度、过马路、避开路面障碍物、控制犬的注意力等。

5. 半商业区行走

半商业区通常是指类似于购物中心的地方。通常由于人流密度的增加，导盲犬与使用者要根据需要减慢行进的速度。有时候人行道会很拥挤，以至于要停下来，等路况变好后再走。由于步行的路况以及周边环境气味的复杂性，犬可能会分散注意力，使用者必须要将注意力都集中在犬的动作上，要能够准确觉察到导盲犬的分心状态，例如：变换速度行走，低头或回头嗅闻等。

使用者在这样复杂的路况中行走需要建立信心，需要清楚行进的位置及周围环境的变化。使用者的信心会影响犬的工作状态，从而使导盲犬能够积极而准确地引领使用者。当然另一方面，使用者也要能够很好地适应这些新的行走路况。

在购物中心附近经常会有流浪动物，或是被主人拴在商店门口栏杆的宠物犬。还有，在人行道上经常会有些零碎的食物。这些都是使用者需要特别注意的、容易使导盲犬分心的因素。

6. 在市区行走

所有在半商业区行走时要考虑的事情同样也适用于市区环境。

（1）商店。

学习认识商店位置的时候，使用者需要知道商店入口的准确位置，或者在犬马上要进到门里的时候得到视力健全人提供的指示帮助。然后使用者给导盲犬一个正确的口令，去商店是左转或是右转，告诉导盲犬商店合适的名称。口令准确很重要，这样导盲犬才能明确地知道使用者想让它做什么。

如果使用者是在商店里工作或是从商店中穿过，必须要具备基本的方向感，以找到商店外要去的位置。

当到了柜台的时候，让导盲犬坐在使用者前面，不挡其他人的路，犬也不会被柜台上的产品分散注意力。

（2）电梯。

导盲犬和使用者要站在电梯门前约一米半的距离等候电梯，给下电梯的人留出足够的空间。等人下完电梯，使用者下达口令“跟着”，和犬一起进入电梯，注意尽可能地站在靠里面的位置。当到达要去的楼层时，电梯门开，人群向外走，使用者下达口令“跟着”，径直走出电梯，中间不要停顿。

（3）陌生环境。

很多时候，使用者与导盲犬去一个不熟悉的地方，需要寻找一个视力健全者来作为向导。开始时，导盲犬使用者和欲跟随的人要有所接触，使导盲犬清楚建立“要跟向导走”的思想。带路的人要和导盲犬使用者保持语言交流，如果要改变方向，应该在改变方向之前将这一信息告诉导盲犬使用者。同样的，在快要上台阶或是下台阶前要停住。

（4）有交通灯控制的十字路口。

当使用者与导盲犬来到十字路口时，要仔细辨别车流的声音。即便在交通灯有提示的情况下，也要对交通情况进行再确认，等车辆完全停止或行驶过去以后再行走。这可以确保使用者安全地过马路。如果难以判断车况，可以寻求视力健全者的协助。

7. 公共交通工具

法律规定导盲犬作为视力残疾人的领路者，在陪同使用者出行时，应享有被允许乘坐公共汽车、地铁、火车等公共交通工具的权利。

（1）公共汽车。

在等公共汽车的时候，使用者要站在路肩稍后点的地方。当公共汽车停下来时，使用者给出口令“找门”，然后接着下达口令“跟着”，走上车，找到座位。让导盲犬待在舒服、不妨碍其他乘客的地方。如果车上乘客很少，可以让犬保持坐着或趴下的姿势。当下车时，下达口令“跟着”，犬跟在后面直到下车，然后拿起鞍子说“走吧”，走到离车门稍远的地方。

（2）乘坐地铁等有轨电车。

乘坐地铁等有轨电车的步骤和公共汽车相似。

（3）火车。

为了确保安全，使用者要等车完全停下来后，下达口令“找门”。当找到扶手后，对犬说“进去吧”，跟随犬进入车厢，然后找座位坐下。下车时，走到门边停下来，对导盲犬下达口令“出去吧”。然后走出车厢，寻找大门，离开站台。如果火车站人群拥挤，使用者要跟着人流走，尽早离开站台。

（4）飞机。

导盲犬第一次乘坐飞机可能会比较兴奋或害怕。因此，使用者需要意识到这种时候导盲犬可能会表现出过于热情和稍有不安的行为。此时，使用者需要通过平静坚定的抚摸和适当的表扬来慢慢地增加犬的自信心。

登机以后，将吸水的垫子放在合适位置供犬趴卧。飞机起飞时，给犬少量的咬胶，使犬产生吞咽动作，帮助犬平衡耳压。飞机起飞后，需要时刻关注导盲犬的状态。飞机着陆时，再给犬少量的咬胶以平衡耳压，系好牵引链。

在下飞机时，由于新环境所引起的兴奋，犬可能会有些焦躁的情绪，此时使用者需给犬下达口令“慢点，慢点”。

8. 特殊场所

使用者在相关法律的保障下，是可以带导盲犬进入饭店等公共场所的。但同时，使用者有责任保证导盲犬在公共场所的行为和卫生。导盲犬使用者需要把犬梳理干净，没有特殊气味。在饭店里用餐时，犬应该趴下，不妨碍其他客人行走和用餐。

（四）日常饲喂

对于使用者来说，最好的导盲犬饮食是既能保证导盲犬的营养均衡，又比较容易获得和调配。虽然犬是肉食类动物，但只给犬吃肉，犬将无法获取维生素A、B、E和多种不饱和脂肪酸等营养素。因此，导盲犬需要额外补充一些营养成分。注意罐装食物中的各种添加剂的成分可能会危害犬的健康。要采用多种饲料均衡调配的方法饲喂以保证营养的均衡全面。

1. 控制体重

由于过度肥胖会造成犬的寿命缩短、犬的心脏和关节负担重、使用鞍子控制犬时会吃力、使犬形成不好的工作习惯等问题。需要通过严格地控制饮食保持犬的体重。

如果犬不常工作要减少喂食量。要严格按照培训基地的标准控制体重。绝对不要给导盲犬喂食人类的菜肴或其他食品。

2. 食谱

根据犬的个体需要来决定食谱，在需要的时候可以对食谱进行适当调整。

3. 服从

喂食时要坚持日常的行为习惯，维护犬对使用者的尊重，维持犬的服从地位。

4. 喂食时间

通常在晚上。一般是在使用者下班回家后，为了避免犬过于期待喂食，喂食时间可以稍有变化，如延后1小时。注意出行前不要喂食。

5. 饮食的注意事项

（1）因鱼类脂肪含量低，且吃鱼易得湿疹，所以不要喂食鱼类食物。

（2）听取兽医的意见，合理饮食。不要每天更换饮食。否则犬的胃肠功能会紊乱。

（3）如果饮食减少，可以继续喂食犬饼干。不要饲喂罐装食品。

6. 饮水

首先保证随时都有新鲜的水饮用。在出门前不要喂水。根据犬个体的消耗量，饮水量是不一样的。盛水的容器要保持清洁，避免水碗里有犬的唾液。

7. 骨头

给犬一大块腿骨（熟的），犬在啃咬时可以坚固牙齿，同时起到洁齿的作用。绝对不要喂食用调料烹调过的骨头。如果一块骨头已经啃了几个小时了，就不要再让犬吃了，则应丢弃。

8. 减肥

如果犬的体重已经超标，则应该即时对犬进行节食减肥。首先可以将平常饮食量减半，或只给平常饮食量的四分之一加 2~3 块犬饼干。一周后，犬的胃缩小了，就不会觉得吃得少有什么异常感觉了。继续按照这样喂食，直到犬的体重达标。当体重恢复正常后，可以逐渐恢复饮食，保持理想的体重。

（五）日常清洁

导盲犬经常在公共场所出入，所以使用者要注意保持犬的洁净。梳毛是保持犬清洁常用的方法，也是检查犬健康状况的好机会。犬很喜欢梳毛，如果它们正处于兴奋状态中，梳理毛发可以使它们平静下来。每天只需梳理 5 分钟就可以拥有一只干净、健康的犬，并不需要经常给犬洗澡。

（六）犬的行为学

1. 犬的感官

导盲犬在引领使用者行走时，用到的最重要的三个感官是视觉、听觉和嗅觉。同时，抚摸在使用者对于导盲犬工作状态的肯定或否定中也起到重要作用。

（1）视觉。

幼犬刚生下来是看不见的。到了 3 周大的时候，嗅觉和温暖感是其主要的感觉。到了约 6 周大的时候，幼犬才有了一定的视力。

犬的视力对突然移动的物体很敏感。犬眼睛在其头部的位置让犬的视力更广阔。

过去，人们对犬有一定的误解，认为犬是色盲。在犬的眼睛里有两种类型的细胞，视杆细胞和视锥细胞。犬的视杆细胞与视锥细胞的比例比人要高，视杆细胞只对弱光敏感，仅能分辨黑白，而视锥细胞是负责彩色视觉的。所以，犬的色觉并不比人差，只是色彩有所不同而已。视杆细胞的优势在于在弱光的条件下，犬会比人看得清楚。犬有很好的外周视觉，视野很宽阔。但是，犬在判断静止不动的物体的距离时较为困难，而且色觉也较差。

（2）听觉。

犬的听觉比人类发达。在低音的情况下，人和犬可感知的范围是一样的。但是，当音频提高的时候，犬的耳朵会比人的耳朵敏感很多。犬不仅能听见人听不见的微弱声音，还能听见音频极高的声音，甚至超出人类听力范围的声音。这就是利用口哨训犬的原理。也是犬突然跳起来，而我们却不知道发生了什么的原因。

犬的耳朵可以自己动，犬可以用一只耳朵准确定位声音的方向。我们经常能看到犬将头斜到一边在听声音是从哪个方向传来。

不同品种的犬听力也不同。像耳朵直立的德国牧羊犬，对察觉声音的能力比耷拉着长耳朵，并且耳道里长毛的可卡犬要好。

（3）嗅觉。

嗅觉是新生幼犬最重要的感官。新生幼犬是听不见也看不见的，只对气味有反应。

犬的嗅觉比人灵敏得多，在视力范围小的时候，犬会很倚赖它们的嗅觉。有一种现象就是一群猎犬可以依靠它们的嗅觉来追踪狐狸。当狐狸迂回到猎犬们的身后时，犬是看不见狐狸的，但是可以通过继续嗅味，在狐狸迂回的同时追踪到它向后的位置。

当成年犬见面时，互相嗅气味是很重要的一个形式。气味对于标记领地也是很重要的。

2. 犬的注意力不集中

犬的注意力不集中，通常是指导盲犬在被使用者控制时，尤其是在戴鞍子工作时，对其他人或动物以及环境中的气味的反应。导盲犬经常行走在其他犬的领土，极易受到来自其他犬的攻击。但是，导盲犬在工作状态下是受到约束的，不能逃跑。所以，当使用者与导盲犬一起出行时，要一直留意导盲犬对其他犬的反应。

我们已经知道了使用者必须成为导盲犬的领袖，进入到这个角色中，就必须要为犬树立榜样。也就是说使用者要决定导盲犬遇见其他犬的反应，以及注意力分散到何种程度是可以忍受的。所以，一旦注意到有其他犬出现，要立刻进入角色控制局势。就是说，让犬知道你是领袖，要由你决定它应该要有什么反应。

当由于聚会等原因，多只导盲犬聚在一起的时候，会有统治欲强或是不受管制的犬，攻击其他的犬。要尽量避免和这样的犬在一起，不要让导盲犬处在这种压力的困扰之下。

预防是处理犬注意力分散的最好的方法，所以，尽可能提前预知到周边是否有其他犬的存在，并及时控制好犬，而不是在发生了之后才去纠正犬。

（七）犬的社会学

犬作为流行宠物的原因之一是其天性友善。犬作为群居动物，天生就有识别和建立完整社会关系的潜在能力。犬在出生后 12 周就与人接触，就会把人看成它们族群中的一员。部分社会化行为还会有统治和服从两种行为的潜在可能。犬是有领土意识的，会在它生活的相关区域标记领地。

对于犬来说，如何获取食物是非常重要的，它们可以通过获取食物的方式来确定自己的统治地位如何。确保降低犬的统治欲或是阻止犬的统治欲增强，可以这样做：

（1）当犬欲向主人索取食物时不要理它。

（2）在给犬喂食时，让它服从主人的要求。

犬在和人或者其他犬玩耍时会有一些玩笑似的攻击动作，所以玩耍也许表示着严重的侵犯行为。在和有统治倾向的犬玩耍时，主人不要和它打闹。

人可以用以下方式对犬表示服从或者是统治：

（1）正视犬的凝视目光表示占主导地位，回避犬的目光表示服从。

（2）比犬的位置高表示占统治地位，比犬的位置矮表示服从。

这就是当介绍自己的犬给别人认识时，人不能站立着凝视犬的原因。让他们认识的最好方法是人坐下来，不要直盯着犬的眼睛看，说话语气要平和，允许犬接近。

五、共同训练评估

共同训练的评估是考察使用者对导盲犬的控制能力，使用者能否正确使用口令和手势、动作，以及在使用导盲犬时，遇到问题的处理能力。根据使用者使用导盲犬的实际情况，对使用者的能力进行综合考察，给予指导建议。

共同训练评估分为前期评估和后期评估。

（一）前期评估

前期评估是初步考察使用者对犬的控制能力，以及使用者在使用导盲犬时遇到问题的处理意识。评估项目见附表 10。评估结果为良好和合格的使用者和导盲犬方可进入后期训练。

（二）后期评估

后期评估主要考察使用者是否全面掌握控制和使用导盲犬安全出行的能力。评估项目见附表11。后期评估后，考核组根据使用者的能力和导盲犬的特性，给予使用者具体指导建议。

六、存在的问题及不足

共同训练阶段除了会遇到交通环境复杂、培训难度大、培训场所受限、专业人才紧缺等与导盲犬培训阶段共同的问题外，还有如下的问题需要解决。

（一）个别市区残联不支持

视力残疾人申请导盲犬后，需要到当地残联备案。目前大多数市区残联都非常支持，并积极地提供帮助，但也有少数地区残联态度模糊甚至拒绝。拒绝的主要原因有以下三个方面：一是害怕承担责任；二是害怕出钱；三是不作为。

当地残联的不支持会阻碍视力残疾人申请使用导盲犬，严重影响视力残疾人正常权利的行使，视力残疾人独立安全出行需求得不到满足。制定、完善和统一相关的法律法规是当前的首要任务，并由中残联切实传达到各地区的残联以确保有效实施，让每一位视力残疾人都能享受到应有的权利。

（二）实地培训不足

共同训练的学习期为60天左右，其中基地学习约45天，实地学习约15天。实地学习是训导师到使用者的居住地进行培训，结合使用者实际生活和工作环境进行专项指导，帮助使用者更快、更好地使用导盲犬。

目前，由于基地训导师人数有限，每批来基地学习的视力残疾人数量多于训导师数量，且每批共同训练衔接紧凑，训导师常常无法到使用者家中进行实地培训。另外，培训基地运营资金的缺乏也制约了这一环节的实施。训导师到使用者家中进行实地培训的差旅费、出差补助等都是一笔不小的支出，大多数导盲犬培训基地无力承担。

为了能更好地完成这一环节，最好可以借鉴发达国家的先进的理念和措施，采取政府购买导盲犬无偿赠予视力残疾人士使用的方法，保证资金链，确保训练中每一个环节都能有效地完成。

第五节　导盲犬的服役期

导盲犬的服役期是指犬培训成功后从交付给使用者使用到退役的时期，服役期的时间根据每只犬情况而定，一般为5—10年。

一、使用准则

导盲犬服役期使用者需遵循以下使用要求：

（一）基本准则

（1）导盲犬的所有权归所属机构所有，使用者不得以任何名义将导盲犬出售、转让、遗弃、借给他人使用或用于其他用途。

（2）使用者在签订《导盲犬使用者协议书》之前，必须充分理解使用者的相关责任和义务。

（3）使用者必须严格按照《导盲犬共同训练》的要求和共同训练后的评估建议使用导盲犬。

（4）使用者如需训练导盲犬掌握某项特殊技能，需向基地提出申请，经训导师实地考察，判断可行后，在训导师的指导下进行特殊技能的训练。

（5）在导盲犬服役期间，导盲犬使用者须配合导盲犬培训机构的相关活动，宣传与导盲犬相关的知识和常识，推动相关法律法规的出台，以促进我国导盲犬事业的发展。

（6）使用者不得将导盲犬丢失。在遭遇意外情况下，如被偷、被抢、自然灾害等，出具相关证据或证明，可免除责任。

（7）导盲犬的日常饲养管理，应尽量由使用者本人完成，必要时也可由他人协助共同完成。

（二）出行准则

（1）出行时必须携带使用者的身份证、残疾证及导盲犬的工作证。

（2）使用者完成共同训练后，在回到居住地开始使用导盲犬出行的三个月内，或在居住地外使用导盲犬出行，必须有健全人陪同。

（3）在没有健全人陪同的情况下，导盲犬使用者不得在户外散放导盲犬。

（4）使用者在使用导盲犬的过程中，应信任和跟随导盲犬行进，但在感知危险的情况下要及时做出调整，必要时应寻求他人的协助。

（三）导盲犬维护

（1）使用者需爱护导盲犬，保证导盲犬的福利，不得随意更改导盲犬的生活习惯（饮食、排便、休息等）。

（2）使用者不得虐待导盲犬，也不可过分溺爱导盲犬。

（3）使用者须定期检查导盲犬的健康状况，8 岁前每年 1 次，8 岁以上每年 2 次。在日常饲养管理过程中注意与健康状况相关的各种体征。

（4）导盲犬发生疾病或遭遇突发事件，必须及时报告基地工作人员和相关部门。

（5）导盲犬服役期间使用者需坚持带犬出门，保持犬的工作状态，不得作为宠物犬饲养。

（6）导盲犬在服役期间，导盲犬培训机构定期对导盲犬的工作情况进行回访，评估导盲犬的工作能力，导盲犬使用者必须给予配合。

（四）导盲犬标识

1. 项圈、牵引链

项圈和牵引链主要用于控制和牵引犬，以便在犬犯错时对其进行及时的纠正和提醒。

2. 导盲鞍

使用者通过导盲鞍的鞍把手感知犬的行走状态。导盲鞍提示犬进入工作状态，提示路人该犬为导盲犬而非宠物犬。

3. 铃铛

使用者可通过铃铛来辨别犬的方位，在犬行进过程中，铃铛的声音也起到提示路人的作用。

二、回访与复训

（一）回访

服役期的导盲犬应定期接受回访服务，回访项目可包括犬的身体健康状况、疫苗接种情况、服从性、工作能力和使用效率，及解决使用者在使用中遇到的问题。

（二）复训

导盲犬的服从性降低、家庭生活习惯变差和导盲能力退化，或使用者出现不同于家庭考察时所定的新需求时，应及时进行复训，复训可采取回到导盲犬培训基地进行系统训练和家庭跟踪指导两种形式。

复训后应进行评估，导盲能力训练评估表中包含以下评估内容：

（1）服从性。

（2）复杂道路行走能力。

（3）过马路能力。

（4）方向转换能力。

（5）上下台阶、楼梯能力。

（6）行走速度。

（7）静态、动态障碍的提示、回避。

（8）危险环境禁行。

（9）出入各类门和门坎。

（10）乘电梯和电动扶梯及交通工具。

（11）寻找标记物。

（12）注意力。

（13）抗干扰能力。

（14）适应性。

（15）工作意愿。

三、存在的问题及不足

导盲犬在服役期间能够引导视力残疾人士安全、独立、自主地出行，但在其工作和出行过程中却面临着诸多难题。

（一）进入公共场所受阻

目前，虽然已经有导盲犬相关的法律法规，规定导盲犬可以和使用者一起进入公共场所和乘坐公共交通工具，但由于导盲犬数量较少，民众熟知度和接受程度不够，使用者在和导盲犬一起出行过程中仍然存在很多阻力，仍有使用者和导盲犬在乘坐公交车、地铁等公共交通工具或进入商场、超市等公共场所时被拒绝的情况发生。

通过加大对导盲犬的宣传力度，加强保障导盲犬出行的立法，使更多的人真正了解导盲犬，接纳导盲犬，从而使导盲犬的引领工作更加顺畅，让使用者的出行更加便捷。

（二）社会民众对导盲犬的认知不足

由于导盲犬数量比较稀缺以及宣传力度不够，社会民众对导盲犬有诸多的误解。一些人把导盲犬当作宠物犬，因好奇、喜爱而在导盲犬工作时做出围观、抚摸、喂食、呼唤等行为，干扰导盲犬的正常工作；一些人误以为导盲犬是具有高价值的犬进而设法偷盗倒卖；而有些人因害怕、厌恶犬而对导盲犬也产生嫌弃心理，甚至投毒。面对这些问题，仍需通过加强导盲犬知识的宣传，使人们能够正确地了解和认知导盲犬，并在政府层面加强导盲犬相关立法，为导盲犬的工作环境和安全提供保障。

（三）回访受限

导盲犬在服役期间，为保障安全有效地使用，培训机构需要对服役犬进行定期回访，纠正使用者的不当操作，强化导盲犬的技能，以及依据使用者的实际情况，对导盲犬进行特殊科目的加训。但由于资金与人员的短缺，使用者又遍布全国各地，服役期的实地回访次数受到了很大的限制。因而，导盲犬的部分技能退化，因使用者操作不当而使导盲犬工作状态不佳等情况出现时，难以及时有效地进行处理，很大程度上影响了导盲犬的功用。政府和各界爱心人士的大力资助，确保服役期间对导盲犬的跟踪回访，是保证导盲犬高效服役的前提。

（四）服役犬缺乏医疗保障

导盲犬是视力残疾人的眼睛，在出行中需保持良好的工作状态，确保使用者的安全。因此，服役犬的身体健康很重要，这是其正常工作的保障。目前，基地规定使用者需每年为导盲犬进行体检。但国内宠物医疗行业在各地区的发展状况不均衡，良莠不齐，导盲犬常存在体检不及时、体检质量不高、看病难的情况。与优良规范的宠物诊疗机构建立合作，对导盲犬的医疗和护理提供专项保障，才能够最大程度地提高导盲犬的生活和工作质量。

第六节　导盲犬的退役期

导盲犬的退役指服役期结束。

一、退役标准

（1）导盲犬在服役期工作技能退化（约 50%），经评估不能引导使用者出行时，应退役。

（2）导盲犬出现特殊病症或意外情况，经评估不能正常引导使用者出行时，应退役。

（3）导盲犬到达退役年龄（10 岁左右），应退役。

二、退役去向

导盲犬退役后，通过培训机构将退役导盲犬送回寄养家庭或志愿者家庭养老。退役犬养老过程中，定期了解犬只情况，保证退役犬养老生活的质量。

三、存在的问题及不足

退役犬是导盲犬的养老阶段。对人类有贡献的工作犬，其基本养老条件的保障体现了人文关怀和动物福利。但目前，在退役犬的养老过程中仍存在一些难题。

（一）养老家庭数量少

一般情况下，在导盲犬退役后将首先选择幼年时期的寄养家庭作为其养老家庭。但由于原寄养家庭的变迁，退役犬只的增多，越来越多的退役犬需要到社会中重新寻找养老家庭。与幼犬寄养相比较，照顾老年犬需要付出更多的耐心、爱心、情感和陪伴。因此，退役犬养老家庭的招募存在更大的困难。通过加强宣传力度，普及导盲犬知识，能够让更多的爱心人士加入到退役犬的养老家庭团体中来。

（二）退役犬医疗费用高

大多数退役犬年龄都较大，各种疾病出现的概率也随之增加，退役犬的医疗成为其养老过程中很大的一项开支。较高的医疗开支也为爱心志愿家庭带来了一定的负担。然而，退役犬的妥善护理又是人类回报导盲犬无私奉献的必要举措。因而，解决退役犬的医疗问题，不仅能够减轻退役犬养老家庭的压力，同时也有助于提高退役犬的生活质量。为犬设立医疗保险，建立退役犬体检、医疗的定点宠物医院，并进行定向补助，将能够为退役犬的安度晚年提供良好保障。

（三）基地养老场地及人员缺乏

已退役但还未找到志愿养老家庭的导盲犬，将在基地暂时居住，由基地负责照顾。然而，由于人员和资金的紧缺，目前并没有专业负责导盲犬养老的部门、人员和场地。如何妥善地照料退役犬仍是一个难题。随着退役犬的逐渐增多，这部分的工作应尽早纳入组织机构的框架内并付诸有效地实施。

（四）退役犬死亡安置问题

退役犬去世后，要妥善地安置，如统一火化及安葬。导盲犬为视力残疾人士付出了它的一生，理应受到人类的尊重和怀念。因目前死亡的退役犬还较少，并且地域分散，尚没有形成统一规范的安置措施，主要由基地或养老家庭自行安排。但随着死亡退役犬的不断增多，其安置问题应尽早提上日程并做好规划。

第四章

导盲犬相关的研究进展

第一节　行为学在导盲犬研究中的应用

一、概述

（一）概念

行为学（Ethology）一词来源于希腊语 ethos，意为习性或习俗，它最早出现在 18 世纪中叶法国科学院的出版物中。行为学是用自然科学的方法研究行为的一门生物科学，主要是动物的行为，有时也涉及人的行为。由于行为与心理具有极其密切的关系，在动物行为学发展的早期与动物心理学（Animal Psychology）是同义词，但随着行为学越来越重视生理方面的研究，而动物心理学则局限于个别的与疾病相关的行为现象，这两个概念才逐渐被区分开来。

行为学中的行为一词一般指的是动物各种形式的运动、鸣叫发声、身体姿态、个体间的通讯和能引起其他个体行为发生的可直接辨识的变化，如体色的改变、表情的变化和气味的释放等。因此，行为并不仅仅局限于一种运动形式：一只看上去完全不动的雄羚羊屹立在山巅，这是显示它是一个特定领域的占有者，因此是一种显示行为；一只雌蝶释放性信息素吸引雄蝶，从广义上讲也是一种行为[44]。

（二）行为学理论

1859 年，达尔文发表了《物种起源》这部著作，这本书主要阐述生物进化理论，这一理论的提出不仅开创了生物学发展史上的新纪元，还对动物行为学的研究产生了深远的影响。1871 年，达尔文就犬的行为、智力和情绪方面发表了很多观点，他认为犬具有爱、恐惧、羞耻和愤怒等情绪，还有模仿和推理的能力[45]。他还为通过影响犬的行为从而达到驯化的目的提出了指导性意见。1923 年，巴普洛夫发表了他历经 20 年的重要研究成果——条件反射理论，巴普洛夫将犬作为这项研究的重点对象（图 4-1-1）。在试验期间他反

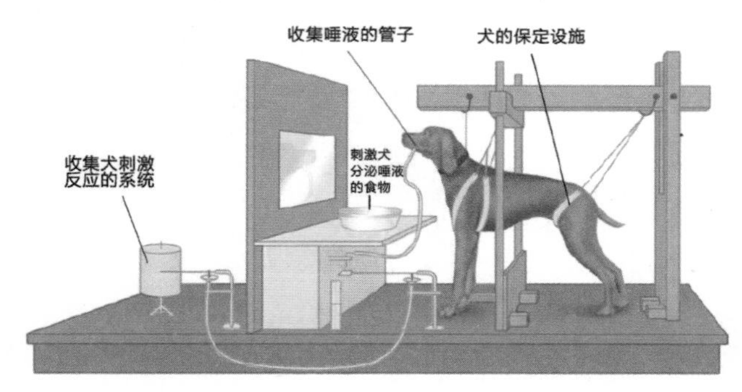

图 4-1-1
巴普洛夫的条件反射实验装置

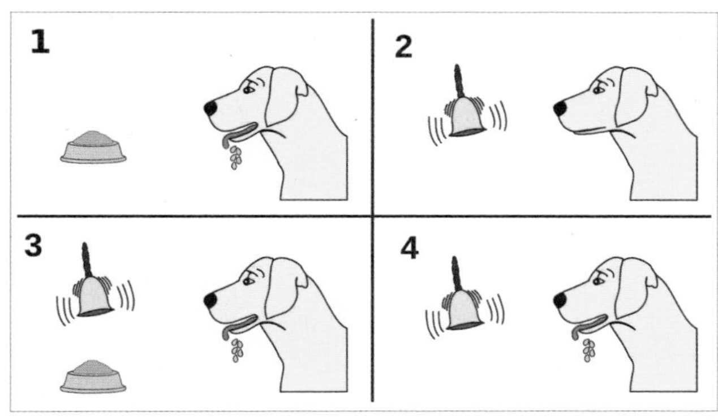

图 4-1-2
巴普洛夫的条件反射实验

复利用这种现象来探索犬对气味、触觉、温度和音乐音调的敏感性（图 4-1-2），还推测了条件反射在犬训练中的重要作用[46]。这为动物行为研究奠定了良好的基础。

奥地利杰出的动物行为学家 Lorenz 深受达尔文的影响，他的学说中基本贯穿了进化论的思想。1936 年，Lorenz 发现雁鹅的幼雏会跟随它们看到的第一个移动着的物体，并对它产生强烈而固执的依附。而且他还在随后的观察中注意到这种行为的形成一般发生在一个特定时期，鸡的印记时期通常是出生后的 10—16 个小时，犬的印记时期在出生后的 3—7 周。这一发现进一步验证了印记的原理，并提出了印记行为其实是动物的一种本能。最初，受巴普洛夫条件反射理论的影响，Lorenz 认为本能活动是建立在一系列反射的基础上，而反射又离不开外界刺激的作用。不过，他在观察鸟类行为的时候又发现，在缺乏刺激的情况下，有时一个行为能自发地完成。Lorenz 对犬的行为也做了很多研究，并出版了《狗的家世》(When Man Meets Dog）这一著作。书中阐述了犬对主人忠诚的缘由，从情感基础上来看，主要有两个来源：一是对母亲的依恋信赖，二是对群体领袖的忠诚服从。也就是说，犬对主人的忠诚，其实是犬对母亲或群体领袖的忠诚的一种转移。他还研究了动物的攻击行为，虽然说动物的攻击行为有的时候是不利的，但是他认为在生物的进化过程中攻击行为是必不可少的[47][48]（图 4–1–3）。

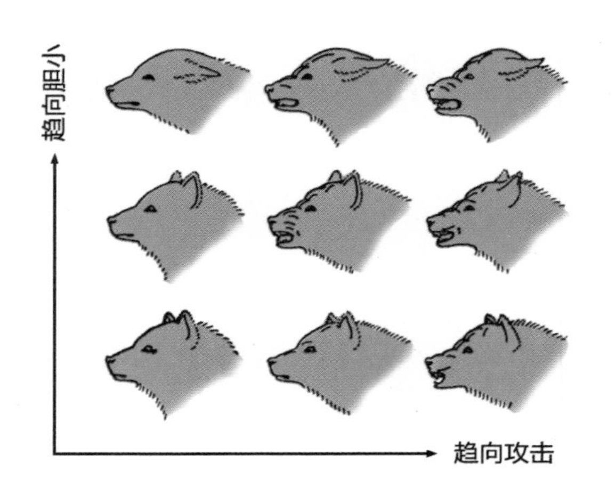

图 4–1–3
犬的面部表情（Konrad Lorenz, 1952）
从下到上：胆小恐惧增加（耳朵向后）；从左到右：攻击性增强（咆哮）

1951 年，Tinbergen 出版了《本能的研究》(The Study of Instinct）这本著作，该书主要探讨了内部和外部刺激对行为表达的影响。而这些研究主要是在 Lorenz 的本能研究基础上进行的。Tinbergen 和 Lorenz 还共同提出了先天释放机制的概念来解释本能行为——固定的行为模式。Lorenz 将其发展成一种行为动机的“心理液压”模型。后来，Tinbergen 将这个模型复杂化，研究出了一款新模型，也就是现在所说的 Tinbergen 的层次模型[49]。当然，关于行为方面的理论并不只有这些，但是这些理论的提出在动物行为学的发展过程中具有里程碑式的意义。

（三）犬的行为学测试

随着时代的发展，犬在人类生活中扮演的角色越来越重要。譬如，导盲犬的存在不但可以为视力残疾人士提供行动支持，还可以帮助视力残疾人增强独立性、自信心和安全感，促进社会互动和社会认同的积极变化，这大大地提高了视力残疾人士的幸福指数；援助犬在国民保健服务行业有杰出的贡献，它的存在减少了对主流支助服务的依赖性，有益于经济节约；警犬在我国的国防事业、民生安全中有着不可磨灭的功绩；救助犬在民生发展和文明社会的建设中发挥了巨大作用。尽管如此，据统计，在很多行业中，平均只有 50% 的工作犬能够完全投入使用。此外，有文献证明并不是所有的犬都能很好地完成分配给它们的任务，在工作中表现优秀的犬一般都具有明显的行为特征[50]。而那些不能正常投入使用，甚至是在没有进入正式培训之前就被淘汰的犬，很大程度上都是由于行为问题导致的[46]。因此，行为学测试便逐渐地进入了人们的视线。

动物行为测试可以被定义为标准化实验刺激的情况下引起的行为反应，并和同一情况下的其他个体的行为进行统计学比较，目的是将这些被测试的动物进行分类。犬的行为测试已经发展并广泛地应用于各个领域，包括遗传育种评估、行为发展评估、学习能力评估以及预测某项结果的评估等。目前，行为测试被认为是预测工作犬能否被训练成功的一种重要方法，即预测犬在培训期间、培训之后以及在工作岗位上是否能够表现良好。还有大量的数据表明，许多物种在行为上存有一致的个体差异，这种差异通常被称为个性。这取决于动物表现出的行为差异，而这些差异在群体间以及群体内部个体间的比较中保持一致[50]。准确评估犬在行为上的个体差异对工作犬的培训机构而言具有重要的参考价值。

二、研究进展

（一）导盲犬行为学测试的意义

导盲犬是为视力残疾人士服务的一种工作犬，它不但可以为视力残疾人士的日常出行提供帮助，还能为视力残疾人士带来心灵上的慰藉。导盲犬的候选犬一般是由导盲犬机构挑选优良的种犬繁育饲养，断奶后交由爱心家庭寄养培育，在候选犬一岁左右时，再送回导盲犬培训基地进行培训。在培训期间，犬必须学会如何为它们的服务对象做指引。指引作用的一个重要方面是：犬应该在一个指定的方向，按照使用者的指示，以安全的方式处理任何可能遇到的危险或者障碍，避免使用者发生不必要的意外。训练犬去服从这些命令和定向指令达到一个标准的水平，成为一只合格的导盲犬，在这个过程中必须得投入大量的时间和精力。而导盲犬的成功与否主要取决于它们的健康状况、工作表现和自身气质，也就是性情（Temperament）[51]。

据统计，尽管2008年全世界导盲犬的数量估计已达2.5万只以上，但导盲犬的申请者人数也在逐年增加，全世界导盲犬数量仍严重不足。尤其在我国，导盲犬的数量远远不能满足申请人数。鉴于此，申请者必须等待数月甚至是数年才能够拥有属于自己的导盲犬。造成这一现象的原因之一是导盲犬培训成功率不高。影响导盲犬训练成功率的因素有很多，但就目前的报道来看导致导盲犬不合格的主要因素还是行为问题，就2005年日本导盲犬协会的统计数据来看，澳大利亚不合格犬只占比为77.3%、美国为65.5%、日本为69.5%[52][53]。虽然这项数据距今年限有点长，但中国导盲犬（大连）培训基地近几年的数据显示不合格率也要高达70%左右。这可以看出近几年的局势并没有得到很大的改善。由于早期预测可以节省大量的人力和财力、提高培训成功率，并且还可以通过避免不必要的训练来提高犬的福利，因此建立可靠的行为评估体系用来预测导盲犬的成功率具有重要的现实意义。

（二）导盲犬的行为学测试方法

为了能够使导盲犬更好地服务于视力残疾人，就必须更加透彻地了解并且控制犬的行为。研究人员经过多年的探寻和摸索制定了一系列关于犬行为的测试方法和程序，这些测试方法和程序很大一部分是以生物学为基础发展起来的，而另一部分是在生活实践当中总结出来的经验。就目前的资料显示，评估犬行为的方法有很多种，其中包括一系列的实验行为测试：直接观察犬在新环境下的行为或者由主人、训导员完成问卷调查等。行为观察测试已被用来评估一系列对导盲犬或其他工作犬的选育有重要影响的因素，这些因素常被描述为“性格”“性情”“个性”和“气质”，其实这几个词所描述的行为特征有异曲同工之处。许多犬行为测试方法背后的一项关键原则是，在某一情境下对犬只的行为进行观察评估：（1）是否存在特定的姿势或行为（如咬合），从而量化为一种行为倾向（如侵略性）；（2）由训练有素的观察者按一定的尺度对测试情境中的特定行为（如冷静）进行主观评估[54]。目前的测试一般都是通过观察犬的行为来评估犬的性情，下面将对几个主流的行为测试方法做简要描述（图4-1-4）。

1. 幼犬测试（Puppy Testing）

幼犬测试通常是指对幼犬一系列受控刺激下行为反应的评估，并利用这

图 4-1-4　犬的各种肢体语言

些信息对幼犬的成年行为进行预测。幼犬测试主要在幼犬的敏感阶段进行。Scott 和 Fulle 认为，初级社会化发生在一个类似于印记的敏感阶段，这个阶段动物在短时间接触过程中能够非常迅速地学习，并且学习过程仅部分依赖于外部刺激（例如食物）。二次社会化是指基于各种形式的联想学习的过程，相当于野生动物熟悉人类，在这个过程中接受各种形式的学习，这种二次社会化类似于驯服。因此，如果在犬的社会化时期接触同类或人类都可能带来初级社会化。这段敏感时期通常持续发生在幼犬的 3—12 周龄，被称为"关键期"[54]。就目前的研究结果来看，幼犬可以在这个阶段通过短时间接触刺激来快速学习各项技能。如果犬在 14 周龄之前没有任何社交经历，它们就会表现出非常明显的对人类的回避态度。大量的干预研究表明，经历早期社会化锻炼的幼犬成熟得更快，探索得更多，抗压能力更强，在解决问题方面表现得更好[55]。由此可见，早期的经历会对工作犬未来的工作能力以及动物福利带来深远的影响，因此，幼犬的行为测试一般都会安排在犬发育的关键时期。秉着早发现早预防的理念，如果在犬幼年时期就能发现犬行为方面的问题，便可以及早采取干预措施，在随后的训练中对其行为进行适当的矫正。

Puppy Aptitude Test（PAT）是 Jack 和 Wendy Volhard 在 1996 年提出的测试幼犬潜力的方法。这个方法是基于 Campbell 试验（Campbell，1972）发展来的。PAT 主要测量评估幼犬的社交能力、探索能力、服从性、灵敏度以及稳定性[56]。这项测试的最佳时间一般在幼犬的 7 周龄，因为在 6 周龄之前幼犬的神经连接还没有发育完全，而 8—10 周龄期间，幼犬正处于恐惧印记阶段，不能经受太大的惊吓。在测试的过程中尽量给幼犬温和的刺激。测试结果显示，得分为 3—4 的幼犬整体素质相对较高。已有人发现，通过这项测试测得的幼犬的社交性、探索和意愿性与成年犬的行为测试中的得分有一定的相关性[57]。但是 Campbell 试验的评估并未发现犬 7 周龄和 16 周龄的试验结果之间有相关性。这表明 PAT 测试比 Campbell 测试更有效。PAT 和 Campbell 测试的行为评分的设想来源于犬行为的一个稳定性特征，这个行为特征在犬幼年时期就能够被固定下来。但是 Bradshaw（2009）认为这个假设是不合理的。

Puppy Profiling Assessment（PPA）是在 PAT 的基础上经过改良完善得到的。PPA 测试也在幼犬 6 周龄时进行。在测试中会给幼犬提供八种受控刺激，根据幼犬对评估员或环境刺激的反应程度，将其行为表现划分为 7 个等级。PPA 得分为 4 的犬被认为是最理想的。就目前的研究成果来看，PPA 相较于其他幼犬测试更有优势。现有研究表明，在 PPA 中有 5 种刺激与导盲犬的培训成功率相关。在测试过程中，对抚摸刺激得分较高的幼犬更适合成为导盲犬。移动物体出现后，转身离开的幼犬，敏感度都不是很好。最后，在斜坡上过于活泼或者畏畏缩缩的犬，不太适合做引导工作，因为它们对潜在的危险警惕性不是很高。Svobodová 发现幼犬的运动，对噪音的反应以及捕食的态度，与警犬的训练成功有关。Slabber 和 Odendaal（1999）也发现在幼犬 8 周龄和 12 周龄时进行的检索测试，和在 16 周龄时进行的惊吓测试的数据分析与警犬训练的成功相关。Scott 和 Bielfelt（1976）发现，散步、抓取、跨脚的得分与导盲犬的训练成功相关性较弱。PPA 也可用来选择种犬。根据 Taylor 和 Mills（2006）制定的犬行为测试框架，PPA 已被开发成为一种具有可行性、标准化且有效的评估方法。在后续的实验中会进一步研发更精确的计分方案，以提高标准化，同时进一步验证 PPA 测试对成年犬气质测试的有效性（图 4-1-5）[58]。

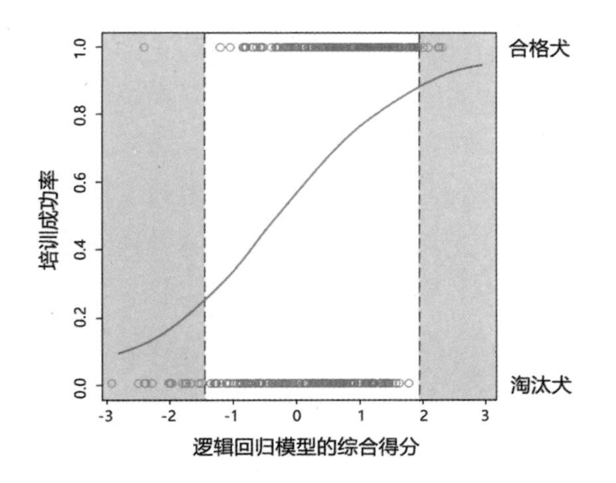

图 4-1-5
PPA 测试中合格犬或淘汰犬的逻辑回归模型

红色实线：导盲犬的培训成功率；开放圈：综合得分；阴影区域和虚线部分显示了潜在的分界点，这些分界点可以用来识别不太可能符合条件的犬（L.Asher et al. 2013）

幼犬测试的困难之处在于，不同行为的发展速度一般不同。Miklsi 建议在犬接近成年时对其行为进行测试。这在一定程度上否定了幼犬测试的价值，但是不得不承认幼犬测试能够使素质不高的候选犬在进行正式训练之前就被淘汰，这样既增加了犬的动物福利，还可以节省一大笔不必要的开支。此外，敏感阶段的经历有时只能在生命的后期才会表达，因此测试敏感时期或接近敏感时期的行为同样具有重要的意义。并且 6—8 周的发育期可能有助于某些测试的进行，因为在这个阶段幼犬一般会主动尝试接近陌生人，而不会保持谨慎状态[59]。Menzel 还提出犬会随着年龄的增长，对陌生环境和陌生人变得愈发的警惕。犬的 12 周龄到 6 个月或更久，被称为青少年阶段，这是最多变的发展时期，然而在犬的行为研究中却受到最少的关注。

2. 性情测试（Pesonality Testing）

一个物种内的个体差异具有一定的规律性。尽管个体行为是基因与环境共同作用的结果，但有些个体彼此之间的相似性仍然要高于其他个体。毕竟同一物种的不同个体在相似或不同情况下的行为表现基本一致，并且表现方式也一致的情况有限。例如，当犬在行走途中发现一个新鲜事物时，它可能会观察它、跟随它或者接近它。如果犬在许多场合对各种新鲜的甚至是熟悉的事物表现出类似的行为模式，则可以将这种行为表现描述为“好奇”。同时，犬还可能表现出另外两种行为模式：犬可能根本没有兴趣，继续前进；或者停止前进、绕道行走，与事物保持一定的距离。犬的行为表现如若是前一种模式则被描述为“不感兴趣”，后一种则被描述为“恐惧”。这些分类描述通常被称为行为类型，而用于这种分类的度量则被称为特征。为了与这一传统保持一致，并将这种侧重于个体的行为描述与传统方法区分开来，提出了气质类型和气质特征。气质特征与行为特征的不同之处在于它们通常是派生的特征，换言之，它们是基于多个行为特征的加权[60]。近年，许多文章都提到了犬的性格问题，相应地便提出了性情测试方法，Jones 和 Gosling 在一篇关于描述犬性格的综述中，确定了各项研究目标：发育过程中的行为预测；描述行为特征以预测行为问题或个体对某些训练方法的适宜性；优良表型的选择等。

以行为学为导向的测试方法要么是在日常生活中观察受试者，要么设计特殊的行为测试，以揭示行为的特殊方面。自然情况下的观察往往比较复杂，耗时也长，难以标准化。因此，研究人员更倾向于设计测试池，用来描述能够为性格特征提供原材料的行为特征。自然地，为了提供一个完整的性格描述，测试池应该模拟一系列的情境，在这些情境中可以揭示性格的不同方面。测试池的另一个方面是，对犬进行新的或极端的刺激，使犬释放某些特定的行为模式，比如枪声刺激下犬一般表现出恐惧反应。然而，在实验中，这两个因素引起了各种并发症。首先，测试池不可能无限期地延长，因为犬不可能在长时间内保持同一种行为反应。这样便限制了测试池中各单元测试的数量，反过来也决定了将要显示的行为的范围。即使在这种情况下，也不能保证受试者在测试过程中不会发生其他的情况，这可能会影响评估受试者的行为，进一步影响对性情的判断。因此各个测试单元不能被认为是严格独立的测试方法，虽然目前这种说法尚未被证实。此外一些测试单元在测试池内被重复，以便为行为内部的一致性提供更加充分的证据。但是这可能存在一定的问题，因为习惯性或敏感性的一些遗留效应会对犬行为造成影响。

Svartbergt 提出的犬的心理评估（Dog Mentality Assessment，DMA）与上述原理相一致。这项评估方法目前已被用于多种工作犬的性情测试，中国导盲犬（大连）培训基地的行为测试方法也是依据这项评估建立的。此项评估测试了犬对社会接触、玩耍、追逐游戏、被动、陌生人、突然惊吓、金属响声和枪声的反应。这些行为表现主要反映了犬的六种性格特征：社会性、游戏性、稳定性、专注性、攻击性和敏感性[61]。其中两个关于游戏测试的测试单元，一个位于测试池的第二位，一个位于第九位。虽然这两个测试单元的测试内容基本一致，但是在这个间断时间里犬已经经历了金属响声和枪声的刺激。在一个大样本中，游戏行为貌似对这种干预具有抵抗性，但总的来说，并不能排除其他隐藏因素对第二次游戏行为的影响。Svartberg 研究发现好奇心强、胆大的犬更善于社交和游戏。在测试犬的攻击行为时，Netto 和 Planta 让犬进行了持续 45 分钟左右的行为测试，这项测试包含了各种能诱发犬攻击性的情境。尽管应用精细的测试系统，在获得高标准和有效性方面非常成功，但是在遭受试验刺激后，犬似乎对类似的刺激会更加敏感，而且从动物福利的角度来看，将犬长时间暴露于压力环境下的做法涉及伦理方面的问题。

3. 问卷调查（Questionnaire）

类似于 DMA 的这类评估方法中测试单元很可能只显示一个单一的因素，局限性比较大，而调查问卷所涉及的问题比较宽泛，更为全面。因此，在导盲犬行为的评估预测中，常常会用到问卷调查。

不管是宠物犬还是工作犬，它们的饲养大都比较分散，生长环境、主人也各不相同。这不仅给测试工作带来困难，而且各种影响因素也难以统一。通过问卷调查的形式对犬行为进行评估，不但可以省时省力，而且局限性小。调查问卷评估一般基于人类特征评分、性格调查表或从自然生活情境中得出的一系列问题等[62]。就调查问卷而言，一个获得有效性的重要途径是寻找与被调查性状相关的外部标准。

宾夕法尼亚大学的 James Serpell 博士研发了犬类行为评估与研究问卷（Canine Behavioral Assessment & Research Questionnaire，C-BARQ），旨在为犬的主人和专业人士提供犬的性情与行为的标准化评估[52]。这项问卷一共有 101 个问题，调查统计了犬对周围环境中常见事件和情况的各种反应。目前是一个相对比较全面和有效的行为评估工具。C-BARQ 简单易用，任何对犬的典型日常行为有一定了解的人都可以使用它，平均需要 10—15 分钟就能完成。Serpell 博士报道 C-BARQ 能够区分出行为上适合做指导或服务工作的犬，并在犬 6 个月大的时候就可以预测出犬的潜力，为以后的训练提供有价值的参考信息。PWQ（Puppy Walking Questionnaire，PWQ）也是一份应用较普遍的行为问卷，它测量了犬的9种行为特征：分离相关的行为、分心、兴奋、焦虑、可训练性、追逐、依恋、身体敏感度和8种能量水平[58]。调查问卷由40个问题组成，在幼犬的8个月龄时填写，涉及过去三个月里幼犬的所有行为。这个相较于C-BARQ已经简化了很多，但是难免会有遗漏。作为行为记录，调查问卷中得出的人格特质相对比较独特，鉴于犬的行为是由主人或训导员自己评估的，对犬熟悉的同时也无法避免评估人员的主观态度。还有研究人员在C-BARQ基础上研发了一项专门针对测试工作犬青少年阶段的行为和性情的问卷，测试结果较为理想，但是，目前尚在推行阶段[63]。

还有其他常见的方法一般是在犬的特定年龄阶段用一系列测试方法对其行为进行测试。虽然在大多数情况下，这一系列的短期测试方法看似非常有效并且节省时间，但是行为系统的发育不能够同步成熟，因此行为发育的观察也不能仅凭一次观察就能完成，而这种做法与行为发育相矛盾。Wilsson和Sundgren指出，就服务工作的适宜性而言，这种测试不能成功预测8周龄左右幼犬的社交能力、搜寻能力和恐新症等[64]。而Slabbert和Odendaal研究发现这种单一的测试犬的搜寻能力或惊吓行为的方法能够成功地预测警犬的适宜性。Goddard和Beilharz在预测犬恐惧行为的研究中也强调了幼犬与成年犬行为之间的复杂关系。他们发现犬的恐惧反应在发育过程中发生了一定的变化。在12周龄之前，犬在害怕的情况下活动会明显降低，但类似情况下的成年犬会变得被动或比平时更加活跃。因此，恐惧行为的早期测量结果并不能很好地预测后来的行为。虽然这种孤立的结果并不确凿，但是可以表明，在正确的时间进行测试可能会提高预测价值。因为这种测试虽然可以在短时间内连续进行，但是在这期间性情的变化是不可预料的。

三、存在的问题及发展方向

（一）测试方法

大多的幼犬测试所用的刺激方式、评价体系和验证形式基本没有一致性。一些幼犬测试比较了在不同年龄阶段对同一只犬重复进行试验时获得的试验结果，而另一些试验又比较了幼犬测试和不同成年犬测试的结果。不同年龄的幼犬测试与成年犬测试之间的相关性为行为特征的一致性提供了支持，但是这种评估方法并不具备有效性。

不同品种的犬有各自独特的行为模式和能力，犬的性情也各不相同。虽然后续的调查问卷显示了DMA在预测更广泛的人格维度方面的稳定性和价值，但是，DMA在识别和预测长期的侵略性和非社会行为问题方面并不是很成功，用DMA衡量的固有品种和性别差异的证据也有限。一项研究表明，与大胆相关的行为变量与犬的品种和性别无关。然而，品种和性别似乎与得分较低的犬有一定的关联性，雌性德国牧羊犬和比利时特沃伦斯犬的得分均低于雄性德国牧羊犬。此外，还有一项研究表明，不同的品种在性格特征上的分数并没有显著差异。这并不是说个体之间不存在差异，而是当前的性格测试和模型不能解释这些差异的来源[65]。严格地控制行为方法、关注个体差异和具体的行为问题，或许能成功地找到形成这些行为差异的环境影响因素，从而可以更好地完善测试方法。

（二）可重复性

一个行为测试方法能被推广的根本前提是它的可重复性。当过程和方法都严格标准化之后，面临的首要问题就是：在实际应用中，当被测试对象和评分者甚至测试环境变化后，测试结果之间要具有一定的相关性。

一些研究者对行为测试的可重复性进行了较系统的研究，Lester对犬的三个行为性状做了测试，并评估了行为评判人员和测试结果之间的相关性，发现行为测试结果是可重复的。Slabbert和Odendaal认为训导员或主人作为评判人员可以提高重复性。Weiss和Greenberg在行为测试试验前对评判人员进行统一培训，以提高行为测试结果的重复性。但上述试验都没有给出表示重复性的数量指标。Jones总结了表示重复性的相关系数的研究，得出行为测试可重复性主要有两种方式：一种是研究行为评判人员之间的重复性；另一种是经过两次相同的测试后，研究测试之间的可重复性[66]。

总而言之，在不同的试验方法中，研究人员已经发现了行为测试结果间具有一定的相关性。但就相对大量的行为测试方法而言，对行为测试的可重复性研究还不够系统和细致，有待进一步深入和加强。

（三）人为主观影响因素

在上述犬的行为测试中，都有人类的参与，但人类的主观性意识较强，在评分过程中难免会掺杂个人的主观判断，尤其对问卷调查来说，人为的干扰因素会更多。Lindberg Sofia从1992到2000年研究了瑞典被毛猎犬与狩猎相关的行为，发现测试人员显著影响行为测试中的各项行为变量，这在一定程度上影响了研究结果的准确度。

为了减少人为因素导致的误差，在测试之前测试人员个人必须熟悉各个测试项目，最好能够对测试人员进行统一的培训。测试评分最好让专业能力强、经验丰富的人完成。

（四）测试犬本身的问题

犬的行为测试，还涉及犬本身的影响因素：来源、品种、年龄和性别。许多年来，测试犬来源复杂，品种不一。由于拉布拉多犬和德国牧羊犬是重要的工作犬，因此在犬行为学相关的研究中它们出现的频率最高。据相关行为学文献中统计，32%以上的研究对象是拉布拉多犬和德国牧羊犬。而且行为测试的对象不局限于纯种犬，还可能是两个纯种犬的杂交后代。在这些研究中，常常利用测试不同犬行为性状来衡量测试方法本身的合理性。

Claire 统计了近 50 年来测试犬的年龄分布，发现一般集中在 1—11 周和 1—10 周岁。随着行为学测试的发展，幼犬测试现在多被用于预测成年犬的行为和工作犬的早期预测。老龄犬一般用于认知老化等领域的研究。性别是影响行为性状的一个重要因素，由于激素分泌水平的不同，导致动物的行为有所不同，大量研究表明，不同性别犬的行为有显著差异。Wiisson 比较了德国牧羊犬、拉布拉多犬的雌性和雄性之间的行为差异，发现两个性别之间在胆量、猎取欲和防御行为上有显著差异。而犬在群体中的地位，也会影响犬本身的行为。

综上分析，行为测试的根本目的是为了科学研究和应用，对于任何一个犬行为测试来说，必须符合以下几项要求[67]：（1）测试程序的标准化：测试过程的每一个细节都必须尽量标准化，包括测试步骤、测试项目内容、测试人员、测试工具和评价指标等都必须详细规定，即在一个测试中，只有测试对象在变化，其他所有的条件都是固定的。（2）可重复性：一个行为测试程序必须经得起重复，即在同一个试验对象的两次测定结果必须有高度的相关性。（3）评价标准灵敏：个体的行为差异必须能由行为的评价标准反映出来。（4）有效性：行为测试方法能够准确地反映出研究人员预期的结果。

第二节　生理学在导盲犬研究中的应用

导盲犬在培训过程中被淘汰的原因很多，除身体健康原因外，最重要的原因就是犬在应对外界刺激时表现出的反应是否符合工作要求。对于犬而言，当外界环境变化刺激其中枢神经时将会有行为及生理两方面的反应。其中，行为反应由犬本身的气质特点所决定，犬的气质是指犬经常出现的行为反应，具有规律性和稳定倾向性，能持续地决定其在各种情境下的行为特征，一般通过行为测试进行探究。而生理反应相对于行为反应则更客观和稳定，能够更本质地反映犬在不同环境刺激下的表现。犬的气质（即性格）评估是导盲犬培训成功的研究重点，犬的气质研究虽以行为学测试为基础，但是单以行为学测试中犬的表观行为变化来反映犬的心理状态具有较强的主观性，因而生理生化指标作为对犬生理状态、心理状态的有效的客观评估手段，则越来越多地出现在导盲犬的气质研究中。犬的生理指标与表观行为相结合能更准确地描述犬的心理状态，对犬的气质进行有效评估。

一、概述

导盲犬的工作环境非常复杂，为了保证使用者的安全，在遇到不同的环境因素刺激时，导盲犬需要具有良好的反应和处理能力，保持稳定的工作状态。因而在导盲犬的培训中，稳定性越好的犬工作素质越高，培训成功率越高，所需要的培训期越短。犬的稳定性好坏由犬的气质决定，受遗传、环境、训练等多方面影响，稳定性好的犬表现为心理状态稳定、抗压能力强、适应性强及胆量适中。

犬的稳定性可通过犬经历社会环境变化（如主人的陪伴、主人的情绪变化、陌生人的抚摸、其他犬的出现等）与生活环境变化（家庭环境变更、突然出现的物体及响声）时的应激状态进行评估。

应激是指由危险的或出乎意料的外界环境变化所引起的一种情绪状态。机体处于应激状态时，内脏器官会发生一系列变化。大脑中枢接受外界刺激后，信息传至下丘脑，分泌促肾上腺激素释放因子（CRF），然后又激发脑垂体分泌促肾上腺因子皮质激素（ACTH），使身体处于充分动员的状态，心率、血压、体温、代谢水平等都发生显著变化。犬处于应激状态时迷走神经与应激反应系统包括下丘脑—垂体—肾上腺皮质轴（hypothalamic pituitary adrenal axis，HPA）及交感神经—肾上腺髓质系统（sympatheticoadrenomedullary system，SMA）相互作用，促使相应激素、细胞因子、酶蛋白等发生数量或活性改变，这些激素及细胞因子等，一方面可以参与机体对应激功能的调节，另一方面可以反映机体的应激反应强度[68]。

在犬出现应激反应时，行为上，会出现舔唇、打呵欠、气喘吁吁、发声等口部行为，降低身姿、颤抖等身体行为；生理上，脑电信号直接反映犬的神经、心理活动情况，唾液皮质醇浓度反映下丘脑—垂体—肾上腺轴（HPA）的活动情况，心率变化、唾液 α－淀粉酶浓度、免疫球蛋白浓度反映交感神经—肾上腺髓质系统（SMA）的活动情况，这些生理指标均能客观地反映犬的应激状态，可用于导盲犬的气质评估。

（一）脑电信号

脑电信号的变化能够最直接地反映动物的心理活动。当动物出现应激反应时，如紧张、恐惧、兴奋、不安等，脑电信号都会产生相应的特有变化。脑电信号是由脑部神经元活动时产生的，可分为三类：脑电图信号、脑诱发电位信号和神经元细胞内外记录信号。脑电信号是反映大脑和机体生命活动的重要渠道。目前，已经有了非侵入性的脑电波检测仪器，在人和大鼠上均有应用。

大脑的活动是由上百亿个神经细胞完成的，脑电图（Electroencephalogram，EEG）信号是大脑皮层或头皮表面大脑神经元点活动的一个总体反应。脑电信号的幅值和强度都非常弱，并且信噪比低。自德国科学家 1929 年首次记录人类脑电信号以来，脑电信号展现出巨大的应用前景。进入 21 世纪之后，脑电信号的采集和分析越来越精确，如今的医疗器械中大多都用了单片机作为中央控制单元，因而使脑电采集分析系统变得更加稳定和精确[69]。以脑电信号反映犬的神经活动及心理活动最为直观且具有即时性和针对性，能帮助我们更好地分析犬受到测试中的不同刺激时产生的应激反应程度。对犬的脑电信号检测已有报道，但由于大部分脑电信号的检测仪器要求埋入犬体内或将犬的姿势固定，目前还没有适用于导盲犬研究的脑电信号检测手段，因而还未见在导盲犬的研究中有相关的报道。

（二）心脏活动指标

当机体处于应激状态时，神经—内分泌—免疫活动加强，刺激下丘脑神经内分泌细胞合成并释放血管加压素（AVP），激活肾素—血管紧张素—醛固酮系统（RAAS）。RAAS 不仅在调节水、电解质和酸碱平衡方面起重要作用，而且也参与血管系统细胞的生长、增殖和功能调节。有研究表明人体处于恐慌、紧张、忧郁、焦虑、愤怒的心理应激状态时常伴有一过性的动脉血压升高[70]，也有大量动物实验研究发现，急性应激能引起动物心率增快、血压升高。

1. 心率

心率（Heart rate，HR）是犬出现应激反应时的一个明显的生理反应。交感神经和副交感神经活性的相互作用引起心率变化，副交感神经活性增加减慢心率，交感神经活性增加使心率加速，对抗性的环境变化会改变动物交感神经和迷走神经的活性，从而引起心率的变化。

心率作为动物对情感和认知的生理测量标准具有悠久的历史，在许多物种中是恐惧和焦虑的评估指标。动物的心脏活动变化被用作心理应激、精神紧张和气质特征的一种标志。随着非侵入性方法技术的引入，心率测定技术在行为学研究中应用越来越广泛，这是由于在研究过程中它引起的干扰较小并且可以长时间收集数据。心脏活动变化通常作为动物（已报道牛、母猪、马、山羊、绵羊、犬）的心理生理指标，例如压力的增加一般会表现出心率的增加。犬对不同的刺激和环境条件产生不同的心率变化，心率变化可以更清楚地了解犬对外界环境所做出的应激反应。

2. 心率变异性

心率变异性又称心率波动性（heart rate variability，HRV），是无创性心电监测指标之一。生理状况下，人的心率在正常情况下是呈不规则性变化的，而心率变异性就是指窦性心率的这种波动变化的程度，而心率不规则性变化的主要机制是窦房结自律细胞的活动受交感神经及迷走神经的双重支配。HRV 的生理学基础归因于交感迷走神经系统，其中迷走神经对 HRV 起着主要的决定作用。在犬的心脏解剖研究中发现，交感神经在心外膜的表面与冠状动脉相伴而行并沿途发出分枝进入心肌，迷走神经在房室沟处进入心肌内然后向心内膜发出分枝支配心肌。窦房结内迷走神经的分布要多于交感神经。支配心脏的植物神经及其递质对心肌生物电活动和电生理特性的影响，主要通过调节离子通道的通透性而实现。窦房结自律细胞对迷走神经兴奋作用的反应要明显快于对交感神经的反应，这就使得迷走神经能够基本控制心跳节律，交感神经仅起辅助控制作用。交感、迷走神经间的相互协调作用，维持着正常的心跳节律及心脏的正常活动[71]。

早期的科学家认为，心脏跳动是有节律性的，并且会随时间而变化。随着这个概念的不断发展，对心脏跳动所涉及相关机制的理解也更加深入。直到 20 世纪 60 年代，依据欧洲心脏病学会和北美起搏电生理学会特别工作组制定的标准，由心电图（ECG）的记录中定量描述“心率变异性”（HRV）代表 R 波到 R 波之间时间间隔（即 RR 间期）的逐搏变化。在分析 HRV 时对其进行频率分组，HRV 的高频组成（HF，0.15—0.5 Hz）是由于迷走神经作用的结果，低频组成（LF，<0.15 Hz）则被认为是交感神经系统和迷走神经系统共同作用的结果。光谱是两个频率极限曲线下的面积，HRV 的光谱分析可以提供有关于迷走神经系统和交感神经系统对于心率的相对平衡的定量信息。例如犬只在休息时，迷走神经的作用优于交感神经。心率变异性（HRV）是反映机体交感神经和副交感神经活动的一个重要指标。HRV 作为心脏活动的附加参数指示了生物的交感—迷走神经间的平衡，最近很多研究利用 HRV 作为测定家畜压力负担的一个指标。

（三）唾液应激指标

研究表明，唾液中的皮质醇、α－淀粉酶等物质的浓度易受应激状态的影响，能快速反映 HPA 轴及自主神经系统的功能状态，其变化水平可作为应激反应的标志物用来评估应激水平。唾液是血液源，几乎包含所有血液的生物化学成分，唾液内的生理指标几乎可以反映同一时间血液中的生理水平，且唾液收集采用的是非侵入性手段，实验过程对犬产生的干扰刺激较小，相较于采血，将唾液内的生理指标作为应激标志物是一种更方便、快捷的选择。此外，如果将唾液内应激反应生理指标的研究与应激反应后机体生理参数及行为改变的研究结合起来，探讨其中的相互关联，会有助于更好地理解和判断在应激时身体和心理的变化趋势，发现其中的共同点，最终为应激及其相关性疾病的诊断治疗提供新的策略和依据。

1. 唾液皮质醇

皮质醇是肾上腺皮质束状带分泌的一种糖皮质激素，具有多种重要的生理功能，是机体认知、行为、代谢及免疫活动等不可或缺的激素。其分泌受HPA轴调控，是反映应激反应HPA系统活性的重要指标。当机体受到应激刺激时，HPA轴被激活，最高中枢下丘脑会释放促肾上腺皮质激素并作用于垂体前叶，激活垂体释放促肾上腺皮质激素，后者作用于肾上腺皮质，使其分泌皮质醇进入血液。皮质醇具有低分子量和亲脂性，游离皮质醇可通过被动扩散进入细胞，血浆中游离的皮质醇可以快速进入唾液，并在血液与唾液中迅速平衡，唾液皮质醇水平可以反映同一时间血液中游离的皮质醇水平，两者之间的线性关系已被广泛认可。

2. 唾液 α－淀粉酶

唾液 α－淀粉酶是一种由腮腺、下颌下腺的浆液腺泡细胞产生的消化酶，是唾液蛋白的主要成分，其生成受交感和副交感神经支配。有研究发现，自主神经系统的激活会使 α－淀粉酶的分泌增加，其活性水平可以间接反映交感—肾上腺髓质的活化程度，是用于监测交感神经系统活动的物质，是有效、可靠地反映自主神经系统活动和功能的生理指标。有研究发现，α－淀粉酶浓度的变化与生理和心理应激之间有密切的关系，各种心理应激或躯体应激均可以引起 α－淀粉酶浓度的升高。在探索应激生化标志物的研究中，唾液淀粉酶和皮质醇有不同的反应方式，α－淀粉酶作为一种蛋白酶类物质，生物活性高度敏感，对应激刺激的反应速度和恢复速度较皮质醇更快。

近年来，随着便携 α－淀粉酶生物活性检测器的开发和研制，能够实时检测的唾液淀粉酶已作为评估急性应激的生物标志物被应用于较多的领域研究中，如学业考试、飞行训练、航空任务、临床手术等[72]。这些研究为 α－淀粉酶作为一种可能的生物应激标记物提供了初步的证据，也预示着应激快速检测仪器的研制是非常有发展前景的技术。

3. 免疫球蛋白（Salivary sIgA）

当机体产生应激反应时，SMA系统被激活，影响唾液中的免疫球蛋白的浓度。免疫球蛋白是一个有用的、非侵入性的、客观的应激标记，应用在各种非人灵长类动物、鸡、猪、大鼠、犬等中。据报道，免疫球蛋白适用于预测警犬的行为能力和导盲犬的工作能力。

4. 唾液 pH

唾液的 pH 表示口腔的酸碱程度，其平衡状态（pH=7）是口腔功能正常运作的最佳条件。在应激刺激下，交感神经和副交感神经系统被激活，唾液内成分（如皮质醇、淀粉酶等）比例失调，从而影响唾液的酸碱程度。唾液 pH 水平或许可以作为一个快速、便捷的标志，以评估机体的应激程度。有研究表明，唾液 pH 与应激水平具有一定的相关性，唾液 pH 可能作为应激的生物标志物。

二、研究进展

国内外已报道的用于评估导盲犬的应激状态和心理状态的生理指标较少，主要是由于用于导盲犬的应激生理指标的检测方法要求具有无创性、即时性、便捷性。目前能够应用辅助评估犬的应激状态的生理指标有以下三项：

（一）心率及心率变异性

许多研究调查了犬在不同的情绪和潜在压力应激情况下的 HR 的反应。在很多动物实验中 HR 都表现出了高度的可重复性，HR 作为应激指标具有较好的稳定性[73]。有报道表明，犬在增加活动量时 HR 增加但 HRV 不变，卧姿时 HR 最低，坐姿和站姿时 HR 差异不显著，在散步时 HR 最高。而在卧姿、站姿、坐姿和散步时犬的心率变异性（HRV）均是不变的。然而，经过测试发现当犬将注意力集中在玩具上时 HRV 显著增加[74]。心脏的迷走神经能显示出注意力集中能力的大小，这一结果也表明 HRV 能够反映犬的心理状态，更细微地体现犬的应激状态。

社会环境变化如主人的离开、陌生人的出现以及陌生人的抚摸会对犬形成复杂的刺激。有文献在社会环境变化的测试中监测犬的心率，结果表明主人离开犬后，当陌生人抚摸犬时，犬的 HR 明显增加，此时犬进入了应激状态，当停止抚摸时犬的 HRV 增加[75]，此时犬对等待主人出现这件事的注意力更加集中，HRV 对犬集中注意力的状态有很好的指示作用（图 4-2-1）[76][77]。HR 直观地反映了犬的应激状态，HR 与 HRV 综合分析可以反映在复杂的环境刺激下犬的应激状态与集中注意力的能力。

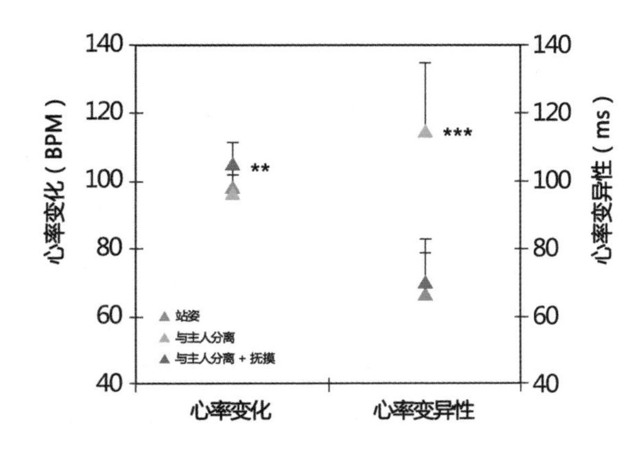

图 4-2-1
心率变化与心率变异性对犬注意力的指示作用

我们研究发现，29 只培训成功的导盲犬的静息心率显著高于 37 只淘汰犬的静息心率值[78]，曾经有针对人的相关研究指出，心率的水平与人的反社会性人格现象有相关性，而犬的反社会性或许会表现为对主人命令的不服从性或对训练规则的不服从。在犬进行气质测试（DMA）中的距离测试、扮鬼测试两个子测试中，培训成功的导盲犬的心率变化程度显著低于淘汰犬[78][79]，说明导盲犬在面对应激时心率的变化幅度显著低于淘汰犬，很快能适应这种应激，这与导盲犬具有更加稳定的心理素质有关。同时，根据测试结果，导盲犬和淘汰犬在行为变化上无显著差异，但在心率变化上有显著差异，说明心率变化是有效区分导盲犬和淘汰犬的生理指标。

HR、HRV 的优点在于可以持续监测犬的状态，反映犬在一段时间内的心理状态，可以分析激活犬应激状态的具体事件以及定位使犬消除应激的有效方法。与唾液指标相比较，HR 与 HRV 指标更具有即时性和持续性。

（二）唾液皮质醇

唾液皮质醇浓度被认为与犬的心理压力密切相关，当犬受到环境刺激时心理压力增大，皮质醇浓度随之升高。有研究对犬进行特定的行为学测试，在测试中的不同阶段收集犬的唾液并进行检测分析，分析结果表明，犬的唾液皮质醇浓度变化与犬在测试中的不安行为表现密切相关[80]。胆小是犬培训失败的首要原因，有研究表明，皮质醇浓度与犬的恐惧状态相关，因而皮质醇的检测可用于评估犬的心理状态，在国外的很多研究中将唾液皮质醇用于评估犬的福利水平[81]。虽然唾液皮质醇已被公认作为犬的心理压力评估指标，但由于唾液皮质醇浓度受环境温湿度和采集时间段的影响（很多动物的唾液皮质醇浓度在上午时段都是自然波动的)，且进行行为测试后的唾液采集时间、采集方法不统一，目前在犬研究中得出的结果也存在较大的差异。目前，唾液皮质醇的检测在导盲犬的研究中还鲜有报道。

（三）免疫球蛋白

免疫球蛋白浓度与犬的心理压力相关，是反映心理状态紊乱的有效生理指标。唾液免疫球蛋白浓度可以用于评估犬的工作潜力，在导盲犬及警犬的工作能力预测中均已有应用[82][83]。有文献报道，在犬结束寄养期进入导盲犬培训机构犬舍的第 1、2、3、7、14 天（每天上午 9 点）采集犬的唾液，检测分析唾液免疫球蛋白浓度，检测结果发现犬的免疫球蛋白浓度逐渐升高，于第 14 天时到达最高值，反映了犬对新环境的逐渐适应，心理上的紧张、恐惧、焦虑等不良情绪逐渐降低的过程。数据分析表明，培训成功的犬与淘汰犬相比较，犬进入犬舍第 14 天的免疫球蛋白浓度具有极显著的差异，且唾液免疫球蛋白浓度低于 90 EU/ml 的犬适应能力较差，很难培训成功（图 4-2-2）[82]。

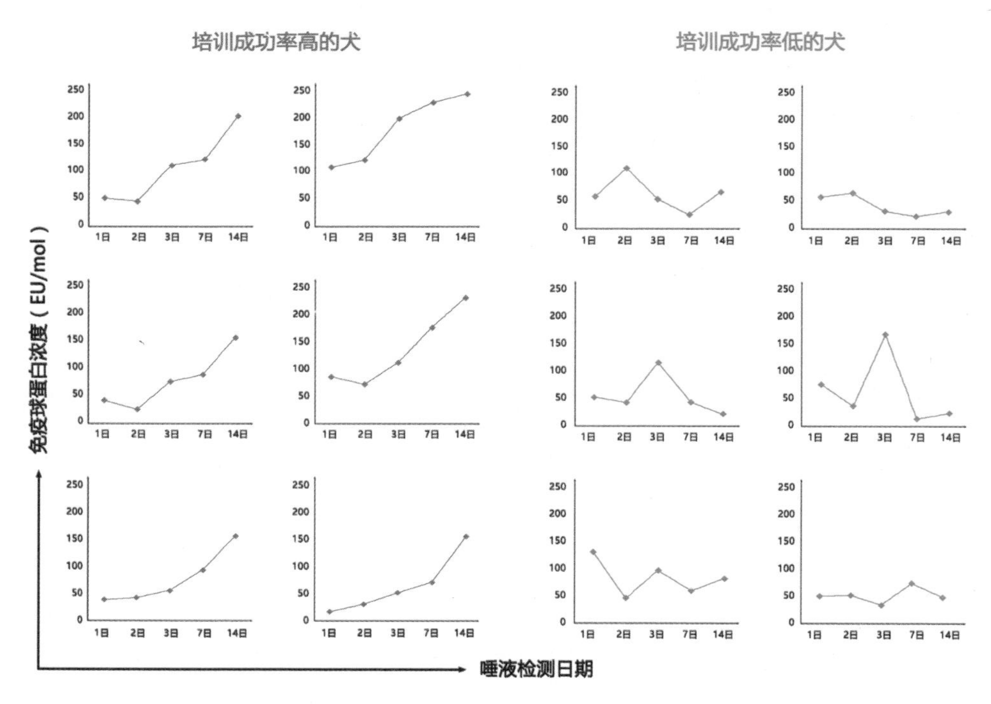

图 4-2-2　唾液免疫球蛋白浓度与培训成功率的关系

三、存在的问题及发展方向

生理学指标在导盲犬培育和培训研究中取得了一定的进展，但也存在一定问题，未来仍有大量的工作要做。

（一）开发适用于导盲犬的生理指标采集方法

1. 开发即时性、连续性的数据采集方法

对犬进行应激反应的生理指标采集需要保证其即时性和连续性，在犬遇到环境刺激并出现应激反应时能及时测量它的生理变化，在即时性和连续性上，最具优势的是脑电检测方法，但目前在导盲犬的研究中还没有应用的报道。因而对犬脑电波的即时性和连续性监测系统的开发是未来的发展方向之一。

2. 开发非侵入性采集方法

对于工作犬的研究不同于实验犬，不能对犬造成创伤，因而对导盲犬的生理指标采集需采用非侵入性的无创方法，以免影响犬的身体健康和工作状态，这导致能应用在导盲犬研究中的采集方法较少。未来需要开发更多的适用于导盲犬的非侵入性采集方法。

3. 优化唾液指标的采集方法

唾液中的生理指标（皮质醇、免疫球蛋白等）仍是目前在导盲犬的生理学研究中应用较多、较成熟的指标。常规的唾液生理指标采集方法具有一定的延时，通过某种行为学测试给犬带来刺激后再进行唾液采集容易出现采集时间过长的情况。不同的行为测试给犬带来的刺激程度不同，犬体内的生理变化导致采集犬唾液最适时间的不确定性。且采集唾液的过程本身对犬也是一种刺激，易引起犬发生额外的应激反应，由于个体差异较大，这种额外的应激反应既不均一也难以预估。目前只有将唾液样本在 4 分钟之内进行收集处理，才能尽可能地避免这种影响。因而，需要对唾液采集方法进行优化，开发刺激更小、更快捷的唾液采集方法。

4. 优化采集设备的便捷性

模拟导盲犬在工作中可能遇到的环境变化需要通过行为学测试对犬进行刺激，因而对犬的应激反应进行监测时需要保持犬的正常行为状态，采集数据的仪器设备（如心率表、脑电监测仪等）要求具有移动性、简便性，且不能给犬带来额外的干扰或刺激。

（二）突破生理指标检测的局限性

1. 突破心率指标的局限

首先，心率受到犬身体活动的影响，而犬天性活泼好动，在实验中容易因犬的意外活动对心率指标造成干扰，影响数据的准确性；其次，心率的变化只能说明犬的状态发生变化，但不能区分不同的刺激类型和反应程度，例如犬在兴奋、紧张时都会表现为心率加速。因而需要开发心率分析的新方法，以便更全面地了解犬的状态。

2. 开展心理状态的评估

在应激状态下，犬会出现生理应激变化和心理应激变化，目前对生理指标的采集分析只能反映犬的生理变化，无法准确地描述犬的心理变化，而了解犬的心理状态能帮助我们评估犬的社会性、工作意愿性、移交性、集中注意力能力等在导盲犬工作中必要的素质。生理学指标检测需要与行为学测试、遗传学检测分析紧密结合，将生理指标与犬的行为表现、神经类型等遗传特质相结合，建立综合测试方法从多个层面分析犬的状态，解析犬的心理活动。

第三节　遗传学在导盲犬研究中的应用

一、概述

遗传标记（Genetic markers）是指与目标性状紧密连锁，同该性状共同分离且易于识别的可遗传的等位基因变异。所有多态的基因位点都可作遗传标记。由于遗传标记的种类和数量不断增加，遗传标记能反映不同群体或不同个体之间的差异，如果某些标记与性状、性能和一些疾病的易感性基因相连锁，可用于数量性状的标记辅助选择，进行早期选种和遗传育种[84]。

自 19 世纪中期，孟德尔首创了将形态学性状作为遗传标记的应用先例以来，遗传标记不断地得到发展和丰富。主要历经了4个阶段，表现出了4种类型：形态标记、细胞标记、生化标记和DNA分子标记[85]。DNA作为遗传物质的载体，是研究动物遗传特性的一个重要指标。20世纪80年代以来，随着分子生物学技术和分子遗传学的迅速发展，分子克隆及DNA重组技术的日趋完善，研究人员对基因结构和功能研究的进一步深入，在分子水平上寻找遗传物质DNA的多态性，并以此为标记进行各种遗传分析。DNA分子标记可以直接反映DNA水平上的遗传变异，与其他三种标记类型相比具有遗传稳定性高、信息量大、可靠性强、操作简单且不受环境影响等诸多优点。这些优点奠定了其在动物学研究中的广泛应用性基础。

（一）第一代DNA分子遗传标记——RFLP

1980年，Botstein发现了第一例DNA分子遗传标记：限制性片段长度多态性（Restriction Fragment Length Polymorphism，RFLP）。RFLP标记是指用限制性内切酶酶切不同个体基因组DNA后，含同源序列片段在长度上的差异，其核心是探测基因组中特异性DNA序列[86]。

RFLP是按孟德尔式共显性标记遗传，只要有单一序列就可以进行标记定位；可区分纯合体及杂合体基因型，能够提供单个位点上较完整的信息；不受基因与环境互作的影响，无表型效应；稳定性及重复性好；普遍存在于生物基因组DNA内。RFLP存在对DNA的纯度要求比较高；多态性水平低；技术难度高且费时；检测中使用放射性同位素对人体健康有危害、对环境有污染等缺点，但随着放射性标记的应用，这些问题将会得到解决。

（二）第二代分子遗传标记——微卫星DNA

微卫星DNA，即短串联重复序列（Short Tandem Repeats，STR），是指由2—6个碱基组成的基序串联重复而成的短片段DNA序列。1986年Ali等人首次将微卫星技术用于人的DNA遗传分析，从而开创了这一显示美好前景的DNA多态检测技术。在所有检测过的真核生物中都散布着大量的微卫星位点[87]。

STR属于共显性遗传标记，DNA纯度要求不高，带型简单，客观明确，具有丰富的多态性。但是，微卫星DNA一般都有种属特异性，不同物种的微卫星DNA一般不能通用；多态性的杂合程度也高，在进行微卫星标记的开发应用时，必须首先克隆微卫星位点，得到微卫星两端的侧翼序列以设计引物，这给微卫星标记的应用带来一定困难。近年来，微卫星DNA标记已成为研究动物遗传多样性的重要工具，它正不断展现出广阔的应用前景，发挥巨大的效用，并带来极大的经济价值。

（三）第三代分子遗传标记——SNP

单核苷酸序列多态性（SNP）是指基因组内 DNA 中某一特定核苷酸在位置上存在置换、插入、缺失等变化，而且其中最少有一种等位基因在群体中突变频率不小于 1%。SNP 作为遗传标记在种群中具有二等位基因性，任何种群中其等位基因频率都可估算出来；SNP 位点丰富，数量多，分布广泛，覆盖密度大，几乎遍及整个基因组；遗传稳定性强，SNP 的突变率较低，位于编码区的 SNP 高度稳定；部分位于基因内部的 SNP 可能会直接影响产物蛋白质的结构或基因表达水平，本身可能是疾病遗传机制的候选改变位点；易于自动化分析，节省时间。

SNP 可能与一些复杂遗传性状和个体特性有关联，开发 SNP 意味着对每个群体甚至个体进行 DNA 水平鉴定和区分，应用前景十分广泛。SNP 作为遗传标记，SNP 的变化代表了基因原来的结构和连锁率的改变，随着 SNP 的增加，可能会导致致命性疾病的增加，生物对外界反应的适应性下降[88]。

上述三种 DNA 分子遗传标记具有代表性和标志性，除此之外，DNA 标记还有扩增片段长度多态性（Amplified Fragment Length Polymorphism，AFLP）、随机扩增多态 DNA（Random Amplified Polymorphic DNA，RAPD）等，这些 DNA 分子遗传标记方法的发展与应用在动物遗传研究和遗传育种方面具有举足轻重的作用。

二、研究进展

犬大约在 1.5 万年前由东亚野生灰狼进化而来。美国于 2005 年 12 月 8 日在《自然》杂志上正式宣布，已完成“犬基因组计划”，成功破解犬的全部基因密码。犬基因组的测序始于 2003 年 6 月，由人类基因组研究所（NHGRI）资助，多个研究所和犬业机构共同参与完成，旨在绘制犬的所有染色体图谱，可以用来绘制引起疾病的基因以及那些控制形态和行为的基因[89]。

美国养犬俱乐部（American Kennel Club，AKC）就是参与这项计划的一个国际知名的权威犬业机构，它的主要任务是对纯种犬进行登记、品种保纯、开展犬展犬赛、开展各种培训、制定各种规则、出版各种专业书籍和资料。还建立了犬的 DNA 数据库，研发了犬类的 DNA 注册证书，在犬的保种和纯种繁育方面起到严格把关的作用，深入 DNA 分子水平以确保血统的纯正，避免遗传污染和近交退化，还能一定意义上监测遗传多样性的变化，即在纯种繁育基础上丰富基因多态性。它是遗传管理中的有力工具，保证犬业朝着需要的方向稳步发展。类似于这样的犬业机构还有美国联邦养犬俱乐部（United Kennel Club，UKC）、加拿大养犬俱乐部（Canadian Kennel Club，CKC）等[90][91]。近年来，分子遗传标记在犬的应用中越来越广泛，其内容涉及犬遗传多样性评估、个体识别和亲子鉴定、标记辅助选择遗传疾病检测等。

（一）遗传多样性评估

DNA 遗传标记多态性反映物种的进化历程，一个物种基因组中共有的等位基因是最为古老和保守的，而其余的等位基因大都是在进化过程中由于插入、缺失等机制造成的。犬的品种有 400 多个，编入 AKC 出版的《世界名犬大全》（修订版）中的就有 146 种[89]。因此，评估犬的遗传多样性，有利于了解各个品种的遗传结构、生活背景，对于导盲犬的犬种选择和繁育有着重要的意义。

1996 年有研究使用 19 个微卫星标记研究灰狗、拉布拉多犬和德国牧羊犬的种间和种内差异，结果表明灰狗和德国牧羊犬的进化距离更远，拉布拉多犬的种内差异最大。1999 年，Werner 等研究发现 400 种具有高度多态性的微卫星标记，并利用这些微卫星标记构建了犬遗传图谱并在近交系中进行了基因定位研究[92]。Parker 等对 85 个品种的家犬进行遗传多样性研究，发现品种间约有 30%的遗传差异（图 4-3-1）[93]。马巍等又利用 AFLP 标记技术研究了 7 个警犬品种的遗传多态性，发现了 75 个遗传标记，结果显示可将这 7 个警犬品种分为两大类[94]。

（二）犬的个体识别和亲子鉴定

在犬的生产培育过程中，由于寄养、母畜返情重配和混合精液授精等原因，对犬的历史背景和遗传信息的判断存在着一定的不确定性。在导盲犬的选育过程中遗传背景至关重要，在遗传学研究中清晰的遗传图谱也是必不可少的，因此，对犬进行个体识别和亲子鉴定是十分重要的工作。

目前，犬的亲子鉴定主要借助于多个微卫星 DNA 标记位点在群体中的等

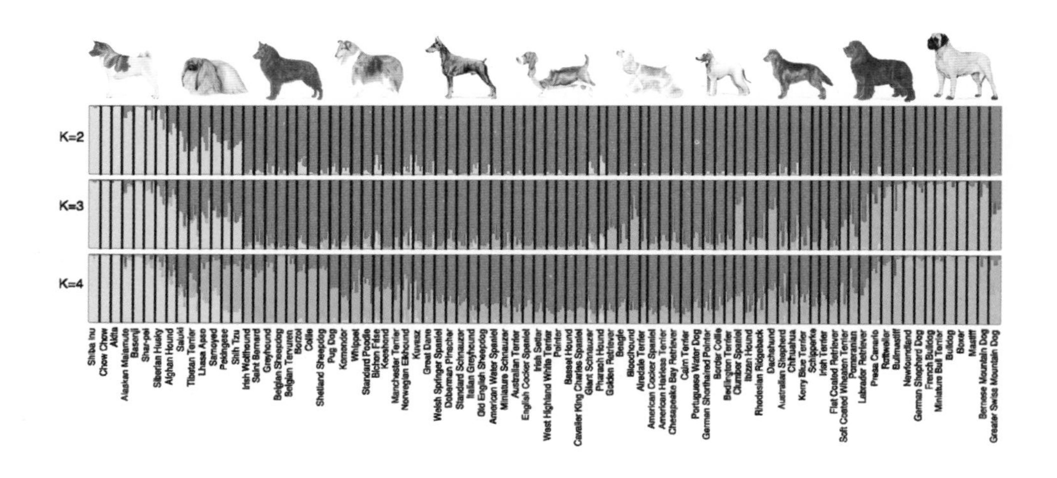

图 4-3-1 85 个品种犬的遗传结构图
不同颜色对应其不同的基因簇，颜色条的长度取决于该基因在基因集群中的评估比例。K 是一个假定的种群数（品种内分组），结果显示的是每个 K 值中超过 15 个基因的结构分析

位基因频率，通过计算排除率便可进行亲子鉴定和血缘控制。1996 年，美国 ABI 公司已开始生产一款商品化含有 10 个微卫星基因座的荧光标记试剂盒，对犬进行遗传学研究。1997 年，AKC 和 UKC 将犬的 STR-DNA 数据写入血统证书，这进一步推广了 ABI 公司生产的试剂盒[89][95]。随后，国内许多单位依据此项研究也逐渐开展了犬的个体识别和亲子鉴定工作。叶俊华等利用 10 个 STR-DNA 多态性对警犬进行了亲子鉴定，结果显示该 10 个位点的非父排除率为 99.73%，个体识别率为 99.99%，初步建立了警犬的 STR-DNA 亲子鉴定方法[96]。但导盲犬的亲子鉴定和个体识别方法目前尚未见报道。

（三）犬的标记辅助选择

1. 行为分子遗传标记

行为是神经元及由神经元所构成的神经元回路对外界刺激的综合性反应。所有的行为都是遗传和环境共同作用的结果。犬的行为问题严重影响了工作犬的培训成功率。所以，犬的行为分子遗传机制的研究，对于早期遴选和提高训练效果均具有重要意义。长期以来，犬的品种改良和行为性状选育工作主要是通过观察后代的表型，通过表型差异进行选育。这种方法带有一定的主观性，且效率低下，进步不明显。近年来，已有许多研究人员着手从分子水平上对影响行为性状的遗传机理进行了研究，虽然收效甚微，但是在犬类的行为遗传上开辟了新天地，这为以后的工作奠定了良好的基础。

国外早在几年前就已经开展了犬的标记辅助选择方面的工作，并已成功克隆一批控制行为的候选基因，发现了许多与犬的行为密切相关的 SNP 位点。这些基因主要控制神经递质代谢关键酶或者是与神经递质受体相关的基因，以及一些与行为直接相关的微卫星位点。其中，攻击性、胆量、活跃性和衔取欲等行为性状与导盲犬的培训成功率有着密切的联系。

（1）攻击行为的分子遗传标记。

犬的攻击性属于犬的正常行为，在很大程度上都表现出了负面影响，特别是作为导盲犬，其不应具备主动攻击能力。犬的攻击行为具有遗传性，且通过选择可以得到提高，也可以通过训练增强或抑制。在挑选合适的工作犬时，必须考察犬是否具备易于训练、有助于工作完成的性状，而攻击行为是考察的一个重点性状，与导盲犬的培训成功率密切相关。

犬攻击性行为的发生主要是犬复合胺代谢发生异变，导致犬的凶猛性增强。据报道，5- 羟色胺（5-hydroxytryptamine，5-HT）相关基因与犬的攻击性行为有密切关系。Van Den Berg 等最先克隆了犬的 5-HTR1A 基因，随后又公布了 5-HTR1B 基因的编码序列，并发现 5-HTR1B 基因有 5 个 SNP 位点；2005 年又报道在金毛猎犬中发现了 5-HTR2A 和 5-HTT（slc6A4）基因，5-HTR1A 和 5-HTT 基因中各存在 2 个 SNP 位点，5-HTR2A 基因中只存在 1 个[97]。这些位点与犬的攻击性具有一定关联，也为金毛寻回犬的性情分析提供了理论基础。2004 年，Masuda 等人也报道 5-HTR1B、5-HTR2A 和 5-HTR2C 的基因序列，这些基因序列与人类的高度相似[98]。

单胺氧化酶（Monoamine oxidase，MAO）通过氧化脱氨基作用降解脑和外周组织内生物胺，是 5-HT、去甲肾上腺素及多巴胺的降解酶，MAO 又可分为 MAOA 和 MAOB。犬的 MAOA 和 MAOB 基因位于 X 染色体上的邻近位置上，包含 15 个外显子以及完全相同的内含子结构。MAOA 参与 5-HT、去甲肾上腺素及多巴胺的代谢，而这些神经递质与冲动、攻击和反社会行为相关。Klukowska 等（2004）发现在犬的 MAOA 基因外显子 15 区间存在 2 个微卫星座位 ZuBeCa57 和 ZuBeCa61。ZuBeCa57（TAAA）11 在犬中共有 5 种等位基因，而 ZuBeCa61（GT）13 有 3 种等位基因[99]。药理学和遗传学的研究表明 MAOA 的变异都可能导致攻击行为的变化和认知功能的紊乱。也有研究对 MAOB 基因的多态性进行了分析，发现 MAOB 基因的编码序列第 199 个碱基的一个 T/C 多态位点在不同犬种中的基因频率有差异，推测其可能与犬种的攻击行为有关[100]。另外，有报道认为 DRD1 基因（Dopamine D1 Receptor）也与犬的攻击行为相关[101]。

（2）胆量的分子遗传标记。

犬的胆量与导盲犬培训成功率直接相关，胆小的犬培训成功率很低[102]。儿茶酚胺氧位甲基转移酶（Catechol-O-methyltransferase，COMT），主要作用是降解体内单胺类神经递质，如多巴胺、肾上腺素、去甲肾上腺素等。Masuda 首次克隆了犬的 COMT 基因，与人的 COMT 基因有 84%的同源性。我们研究发现，COMT 基因编码序列上的 G482A、G39A 和 G216A 这三个 SNP 位点的多态性与拉布拉多犬及金毛寻回猎犬的胆小显著性相关，可作为胆小型犬早期鉴定的分子遗传学诊断候选指标（图 4-3-2）[103]。在此之前我们研究发现 ABCB1 基因 T3442C 位点与胆小型犬显著相关，但该研究的样本量较小，结果仍需进一步验证。

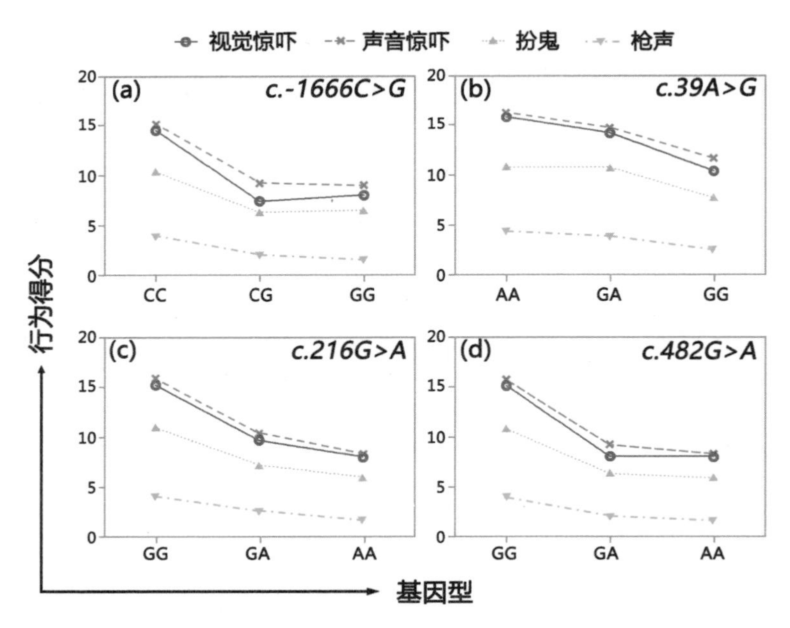

图 4-3-2
COMT 基因 SNP 位点的不同基因型与犬视觉惊吓、响声惊吓、扮鬼、枪声 4 项测试中行为评分的关联性分析。

（3）活跃度的分子遗传标记。

活跃度作为犬的重要气质指标之一，能够有效反映犬的神经类型，而过度兴奋的犬培训成功率较低。有报道表明 SLC1A2 基因与犬的活跃度具有显著相关性[104]（图 4-3-3）。我们对 80 只拉布拉多犬、19 只金毛寻回猎犬通过 DMA 测试进行活跃度评估并与 SLC1A2 基因上的 T129C、T1549G 、T471C 这 3 个 SNP 位点的多态性进行相关性分析发现，并没有显著性。还有研究发现多巴胺受体 D4（DRD4）外显子 3 和酪氨酸羟化酶（TH）内含子 4 的重复多态性都与德国牧羊犬的活动和冲动相关，但目前没有研究证明这两基因与拉布拉多犬和金毛猎犬的活跃度相关。我们对犬的 ABCB1 基因、GNB1L 基因、MAOB 基因上 4 个 SNP 位点与犬神经类型的相关性进行了检测分析，结果表明 ABCB1 基因 377-378insC 位点和 GNB1L 基因 961-962insG 位点与犬的神经类型并没有显著相关性，ABCB1 基因 A985T 位点与活泼型犬有显著相关性，MAOB 基因 T199C 位点与安静型的犬显著相关[105]。

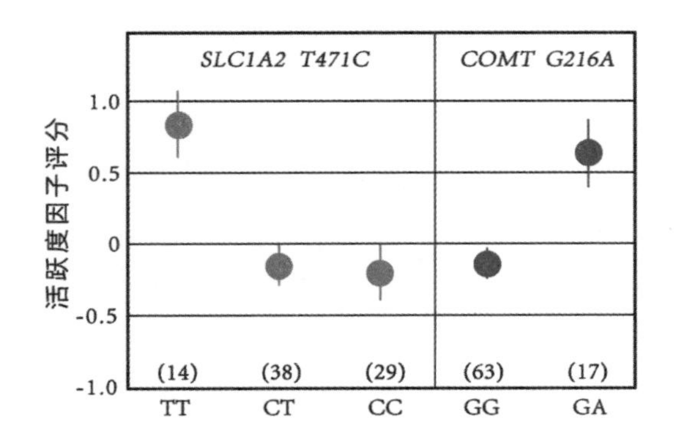

图 4-3-3
SLC1A2 T471C 和 COMT G216A 位点的多态性与犬的活跃度和冷静显著相关［括号内为基因型数量（Y. Takeuchi et al. 2009）］

2. 毛色的分子遗传标记

目前对于犬体型外貌相关的分子标记中研究最多的是犬的毛色基因。哺乳动物的毛色主要依赖黑色素的合成。控制黑色素代谢的途径中，黑色素转运因子（MITF）起主要作用，而黑色素转运因子又受酪氨酸酶（TYR）、酪氨酸调节蛋白（TYRP-1）和苯丙氨酸转移酶（DCT）的控制，黑色素受体 1（MClR）在黑色素的代谢途径中也发挥了关键作用。国外对上述几个候选基因进行大量研究，取得了一定的成果，为分析犬的毛色多样性提供了分子基础。MC1R 基因的 C916T 位点和 TYRP-l 基因的 C991T 位点决定了拉布拉多犬的毛色。有报道表明，犬的毛色对导盲犬培训成功率具有显著影响[106]，黄色的拉布拉多犬具有较高的培训成功率[107]。因而，毛色对导盲犬和其他工作犬的选育工作可提供一定的帮助。

国内有研究对犬 MClR 基因中 T105A 和 R306Ter 的这两个序列的多态性进行分析，发现其存在多态性，进而进行了犬 MC1R 基因座的多态性与毛色性状之间的相关性分析。我们对 61 只拉布拉多犬的毛色及其基因 MC1R 的 C916T 位点和 TYRP–l 的 C991T 位点进行检测分析，结果发现拉布拉多犬毛色及其毛色基因型与导盲犬培训成功率并无显著相关性，犬的毛色基因型不能作为预测导盲犬培训成功率的遗传学诊断指标[108]。这些研究的不同结果可能与样本数量和地域差异有关。

3. 遗传疾病的分子遗传标记

对犬遗传疾病相关的候选基因进行研究，寻找有效的分子标记，可快速诊断遗传疾病，进行早期遴选，淘汰含有遗传疾病隐性基因的个体，有利于犬种群的品质优化。髋关节发育不良（Canine Hip Dysplasia，CHD）引发犬出现髋关节退行性关节炎且终身持续恶化，患病犬因疼痛无法正常行走，是一种中大型犬发病率较高的遗传性疾病。对于导盲犬来说，在繁育、培训前淘汰含有髋关节发育不良相关基因型的犬能够减少导盲犬培育培训资源的浪费。

国内外开展了大量的研究工作寻找髋关节发育不良的重要候选基因，发现了 LAMA2、LRR1、COL6A3、GDF15、COMP、CILP2、PNCP、TRIO 和 SLC6A3 等相关基因，这些基因参与软骨细胞的增生分化以及基膜和软骨的细胞外基质的构成，涉及髋关节发育不全的病因，与多个品种的犬髋关节发育不良密切相关。我们以拉布拉多犬及金毛寻回猎犬为研究对象对部分上述基因进行验证，研究发现 FN1 基因的 SNP 位点 CFA37：25095511、COL6A3 基因的 SNP 位点 CFA25：51040259、COL1A2 基因的 SNP 位点 rs22356416 与拉布拉多犬髋关节发育不良显著相关。这些基因位点可用于导盲犬的遗传育种，也可在培训前期淘汰髋关节发育不良的待训犬。

三、存在的问题及发展方向

目前研究犬行为遗传的主要方法还是行为学测评和分子标记协同进行。

在行为学测评阶段避免不了实验人员的主观因素影响，尤其是在评分阶段，需要经验丰富的人员参与评分，在评分过程中很难保证绝对的客观，这将对后期的分析结果产生一定的影响。所以，在后续的实验中如果能寻找到可以代替行为测试或者是能够尽量减少人为因素的影响，就能减少统计分析中的误差，使行为遗传学的研究结果更准确。

此外，目前犬的分子标记用到的多是RLFP、微卫星位点和SNP位点。这些方法各自都有一定的局限性。在研究中如果将这三种方法相互结合，相互补充，则会更加全面地反映遗传学特性。SNP位点的检测相对比较省时省力，而且它覆盖密度大、遗传稳定性强，部分位于基因内部的SNP位点可能会直接影响产物蛋白质的结构或基因表达水平，从而影响表型。但在研究过程中发现，影响犬性状的SNP位点的研究文献少，并且大多是从人类疾病研究中受到启发，通过验证得来。即便是在后来的研究中发现与某个行为性状有显著相关的SNP位点，也难以判断是否是决定这个性状的主要因素。因为犬的性状属数量性状，由遗传因素和环境因素共同决定，不仅受到一个或多个主效基因的控制，还受众多微效基因的影响。

目前比较成熟的犬的遗传育种技术有人工授精技术、发情和排卵诊断技术、超数排卵和体外成熟技术等，由于犬具有一些有别于其他哺乳动物的生殖生理特点，在其他动物中广泛应用的新型遗传育种技术在犬中的应用仍是个例，仍需进行更多的研究开发，如体外受精技术、胚胎移植技术、胚胎冷冻技术、克隆技术。伴随着人们对基础遗传物质DNA认识的不断深化，犬的遗传育种过程必将从传统的遗传标记发展到现代DNA分子遗传标记，遗传学理论上任何可能的技术突破都会为犬遗传育种新技术的产生提供契机，未来通过筛选特定遗传性状的DNA分子标记或可得到无攻击性、胆量大、活跃度适中、髋关节健康的适合做导盲犬的优良种群犬。

然而，不可否认的是，分子标记技术虽然在科学研究中发展迅猛，但在实际应用中尚未推广，我们目前还是处在常规育种的时代，传统的杂交育种理论依然是育种的主要理论基础，分子育种的技术体系还需要不断深化和完善。而且，通过分子标记辅助选择理论指导的分子育种技术（即各种遗传标记的检测技术）还需要在操作的简便性、成本、安全性等方面进一步完善，只有这样才能在犬的育种中得以实践与推广。另一方面，在DNA分子水平上对犬的遗传特性进行人为筛选具有一定的风险性，虽然犬的基因组研究较为深入，但由于遗传物质本身的复杂性及突变性，大量的基因功能还不能完全证实，以任何一个 DNA 分子标记作为筛选对象进行繁育都有导致个体出现发育缺陷或疾病的风险。

另外，由于疾病犬的样本采集有一定的困难，常常不能获得足够量的研究样本。如果可以组织建立一个犬类疾病的血液样本库，这将会是一件非常有意义的事情。由于多种条件的限制，犬的遗传标记还处于发展的初步阶段，如果在后续的研究中能发现更多的犬的性状与遗传标记的连锁关系，就可以进行 QTL（Quantitative Trait Locus）定位，这对工作犬或其他犬的筛选和繁育有着重要意义。DNA 分子标记筛选遗传性状以辅助导盲犬的育种仍有较长的路要走，可先将 DNA 分子标记应用于导盲犬的培训前期筛选，在常规培训前进行遗传学评估，对待训犬进行基因检测分析，在前期通过 DNA 分子标记淘汰培训成功率较低的犬，降低培训成本。

总而言之，在分子生物学高速发展的今天，分子遗传标记技术必将不断地发展与完善，并且这项技术将在犬的早期选择、合理选配和制定合适的训练方法方面发挥积极有效的作用。同时，犬基因组计划的顺利完成也为犬分子遗传水平上的研究提供了一个良好的平台。

第五章

人工智能与导盲犬

第一节　人工智能与视力残疾人的无障碍出行

中国进入了新时代，我国社会主要矛盾已经转变为人民日益增长的美好生活需要和不平衡不充分的发展之间的矛盾。改革开放四十年来，进步的不仅仅是经济，国家的科学技术水平也得到了质的飞跃，如今的科技成果正在惠及社会的方方面面，尤其是对于视力残疾人士，人工智能的兴起正帮助着他们开创新的未来。

一、人工智能与无障碍出行

随着时代的发展，人工智能的出现为我们的生活带来了极大的便利。人工智能的功能十分强大，已经对人类生活的各个方面产生了重要的影响。就现阶段而言，人工智能的发展是充满活力的，在不久的将来，人工智能将扮演越来越重要的角色。毋庸置疑，顺应着时代的发展，与无障碍出行相关的人工智能产品也应运而生。

（一）人工智能概述

1. 人工智能的出现

从第一次工业革命开始，无数的机器被发明出来参与到社会分工当中，机器就和人开始了激烈的竞争。旧的工作被取代，新的岗位不断涌现。有些人抓住了新的机遇，而另一些人则被日新月异的技术彻底淘汰——时代在剧烈地变化着。1830年，几百个愤怒的裁缝，冲进缝纫机发明家蒂莫尼亚的工厂，捣毁了那些不知疲倦、四肢麻利、日夜不停工作、抢走他们饭碗的机器。但是这注定是一场徒劳的反抗，机械化的浪潮仍旧势不可挡地席卷而来。200年之后的今天，我们又重新来到一个新浪潮的起点——人工智能。

如果说前两次的工业革命是从体力上全方位地取代人类，那么人工智能则是从智力上对人类的全方位替代，而这种变化开始对我们每一个人产生影响。

1957年，人工智能在大众传媒方面最早的突破是一个自学下跳棋的系统，机器通过学习、分析数据，在数据中寻找、利用规律，找到通往目标的最佳路线。数据存储量的大大提升和算法的进步共同造就了人工智能的革命，是数据和计算把人工智能改造得可以在各种各样的任务中使用。谷歌的“深思”率先开发了会玩游戏的人工智能，它们起初对这些游戏一无所知，只要把屏幕上的像素输入进去，过不了多久，这个简单的算法就能在各种游戏中表现出超越人类的能力。

上世纪80年代，很多人工智能产品走进人们的生产生活，为人们创造效益。近几年来，互联网技术、物联网技术及大数据的飞速发展使得人工智能成为新时代炙手可热的研究。随着计算机网络、通信和并行程序设计技术的发展，分布式人工智能已经发展为对多智能体系统的研究，即如何将多个自主的智能体集成到网络上，并使他们通过协作与协商来求解问题。同时多智能体的应用研究范围涉及工业和管理、网络管理远程教育、网上信息处理等领域[109]。此外，模式识别、模糊检索、机器学习、智能无人机等人工智能技术均取得了突破性进展。

2017年，名为“零号阿尔法围棋”的人工智能系统通过自学学会了围棋，被应用在世界上最复杂的围棋比赛中，它在取胜过程中做出的选择超出了人类进行过的一切尝试。同年的8月8日，在九寨沟地震发生的18分钟后，中国地震台网的机器写了一篇相当专业的新闻稿，用时25秒。特斯拉的辅助驾驶系统，已经被应用到最新的电动汽车上，开始为人类服务。曾经需要大量劳动力的快递行业，如今却疯狂地进入了一个自动化的阶段。越来越多的工作开始由机器来取代，无人送货还在试点，但是机器分拣早已经在大规模应用了。从购物之后的物流跟踪、时效，我们能够清晰地感受到这个变化。一些监控下的图像识别系统，准确率和速度早已经远远超过人类，能够轻松地辨认、标记和追踪监控下的内容，如今这股汹涌的浪潮正涌向社会的方方面面。

似乎是在突然之间，人工智能在无数的领域中迅速地发展起来了，而我们或多或少也得到了机器和智能的辅助，工作生活变得越来越方便。

2. 人工智能的应用

人工智能可以全面应用在许多高难度的领域，给数据量巨大的行业带来帮助。人工智能还可以帮助人们决策，例如，电脑系统通过快速阅读几百万篇文章，找到潜在的论据，使用独有的自然语言处理方式——机器学习和推理技巧，锁定所有优缺点。帮助人们做出决策。

从《无敌金刚》到《钢铁侠》，人与机器合二为一的概念让我们着迷，随着人工智能的进步，人体和技术的界限正在一天天消失，通过人类增强手段，我们能获得前所未有的全新能力。

那么问题来了，我们现在的人工智能究竟到了什么程度呢？一个较为普遍的看法是：我们还处在有多少人工，就有多少智能的程度。也就是说绝大多数的功能，都是用巨量的人力堆砌出来的。

但是我们并不能够局限于当下来看待人工智能，我们要用发展的眼光看问题。

（二）无障碍出行的出现

日常生活中，我们不难发现许多因为主观或客观的因素造成残疾群体出行不便利、安全得不到保障、无障碍通道成为摆设等烦扰，比如视力残疾人携带导盲犬被拒绝搭乘公共交通，轮椅无法进出无障碍卫生间，盲道被突如其来的电线杆、车辆挡道，肢体残疾人对高大的人行天桥可望而不可即等。此外，城市无障碍环境设施缺乏强有力的制度保障，缺乏有效的社会监督机制，缺乏社会大众的爱护意识，这给残疾人的出行、获取更多的生活空间带来不便，严重地阻碍他们的社会化过程。

“无障碍出行”是能够使残疾人、老年人、孕妇、儿童等社会成员在陌生环境以及紧急情况中可以安全快捷地到达目的地的一种出行方式。随着当代科学技术的飞速发展以及互联网内容和应用的成熟与普及，无障碍出行的理念日益深入人心，越来越多工作者们投身于无障碍出行事业中，这直接推动了无障碍领域相关人工智能产品与科技的创新。

过去几年，国内外无障碍出行方面的研究各方形成合力、产品从少到多、技术从简单到高精尖、服务从单一到多方面。中国的无障碍出行研究正处于高速发展阶段，如何帮助残疾人便捷出行已经成为全社会高度关注的重要话题，政府、越来越多的企业以及个人逐渐投入到无障碍出行事业的发展中来。

为了帮助肢体残障人士顺利出行，机器人轮椅的研究已逐渐成为热点，中国科学院自动化研究所成功研制了一种具有视觉和口令导航功能并能与人进行语音交互的机器人轮椅。机器人轮椅主要有口令辨别与语音合成、机器人自定位、多传感器信息融合、动态随机避障、实时自适应导航控制等功能[110]。

通过对人工智能的发展过程和目前应用现状的分析，结合现在所存在的问题，人工智能接下来将会着力对人脑信号进行读取和模拟，对人脑思维过程和决策过程进行模拟，使其更加符合人的思维习惯和思维方式[111]。

人工智能自出现之日起，经历过不被广泛认同的艰难时期，最近十多年因为大数据等技术的出现而获得飞速发展，目前人工智能对社会生产和人们生活的作用已经初现，相信之后会有越来越广的应用，必将会更好地服务于我们人类社会。

二、人工智能在视力残疾人无障碍出行中的应用

在我国的残疾人群体中，对无障碍出行有直接需求的主要是视力有缺陷的人群。视力残疾人在进行户外活动时，对于出行台阶、路障宽度、沟壑情况等地形判断都有着特殊需求，然而普通的导航软件很难对这些特殊地形进行提示，在这种情况下研发出很多相关的人工智能产品：多功能电子盲杖、无障碍全球定位系统、无障碍公交系统、基于语音识别的出行服务助手、基于人工智能技术的智能盲人眼镜、电子导盲犬以及盲人智能语音识别避障机器人等。

（一）多功能电子盲杖

盲杖是大多数视力残疾人出行使用的最普遍和简便的，且历史悠久的辅具。虽然视力残疾人可以使用盲杖在自己熟知的环境中进行便利的活动，但对于陌生区域，盲杖的功用就相形见绌，不但不能有效地防避地面及高空障碍，步行缓慢，而且常常迷失方向，不能帮助视力残疾人安全便捷地到达目的地。特别是在现代社会中，外部环境多变，即使是在熟知的环境中，视力残疾人也常常遭遇突发事件或紧急情况，这些状况使得传统盲杖无法有效适应现代化社会。

随着社会的进步和生活的改善，视力残疾人能够出行到更广阔的区域，参与社会分工，贡献力量和享受生活，已经是现代社会视力残疾人群体的迫切需求，因而急需一些能够有效辅助安全出行的便捷工具。如果以视力残疾人习惯使用的传统盲杖为基础，应用现代化科学技术对其进行改造，设计一种智能化和人性化的，集定位导航、防避地面和高空障碍物功能于一身的智

能电子盲杖，将惠及大多数的视力残疾人。顺应这一需求，科技人员应用信息技术和人工智能技术为视力残疾人打造了多款电子盲杖，为视力残疾人出行带来了极大的便利（图 5–1–1）。

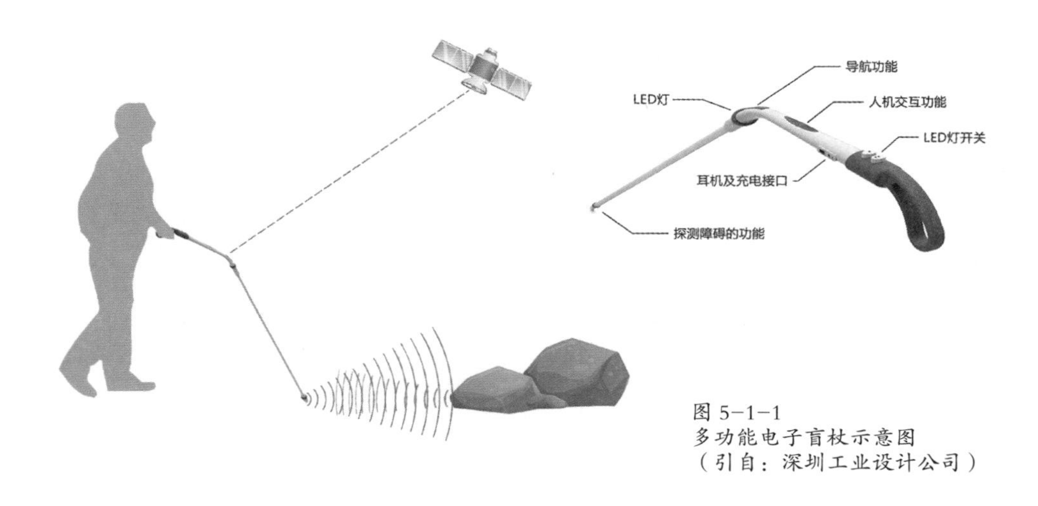

图 5–1–1
多功能电子盲杖示意图
（引自：深圳工业设计公司）

电子盲杖具有普通盲杖所不具备的如下功能：

1. 导航功能

基于电子信息技术、相应的软件开发平台，辅以北斗或 GPS 接收模块，安装在电子盲杖上，可实现实时定位、电子地图查询、轨迹记录、实时导航的功能。实时导航功能又可分为地图导航和轨迹拐点导航两种模式，方便视力残疾人根据不同情况进行随时切换[112]。将盲杖连接网络后，可以同步下载最新地图，为视力残疾人在陌生地点指明路线。

2. 躲避障碍的功能

电子盲杖主要通过超声波探测传感器实现对障碍物的探测。超声波碰到静态物体会产生显著反射形成反射回波，而碰到活动物体能产生多普勒效应[112]。因而，在电子盲杖上安装超声波探测传感器，可有效探知视力残疾人前方 3 米路段上地面和高空的静态及动态障碍物，并及时告知视力残疾人，以保证视力残疾人的行走安全。

3. 人机交互的功能

听觉和触觉是视力残疾人最直接和最敏感的接受外部信息的有效途径[112]。

因而，电子盲杖通常应用蓝牙耳机语音播报或手柄震动的方式实现人机交互，与视力残疾人进行实时信息沟通。另外，视力残疾人可通过按键选择各项功能，方便视力残疾人使用。

目前的电子盲杖产品价格合理，重量也控制在300克左右，与传统导盲杖基本相当，不会给使用者带来额外的负担，是视力残疾人的首选。然而，在嘈杂的环境、拥堵的人群，以及遇到障碍物后最佳路径的选择等方面，电子盲杖仍力有未逮。

（二）基于射频识别的盲人导航系统

导盲工具从一开始的盲杖、手杖、导盲犬，到现在的基于超声波技术的产品，目前视力残疾人出行工具已经开始多样化，但或多或少都存在着安全隐患和导盲精确度不足等缺陷。如今科研人员从RFID技术中得到启发，并逐步实验将它应用到导盲领域。RFID（Radio Frequency Identification）技术，即射频识别，又称无线射频识别，是一种通信技术，俗称电子标签。

北京理工大学设计了一款基于RFID的手持式盲人导航系统，旨在解决视力残疾人独自出门不方便的问题，该系统由盲人手持终端和盲人手杖组成[113]。

1. 手持终端

手持终端部分包括主控模块、单片机、盲人键盘输入模块、语音提示模块和无线传输模块。

其中单片机、语音提示模块和无线传输模块均连接至主控模块，盲人键盘输入模块连接至单片机。平台集成音频处理模块可用于导航时语音提示的音频处理，语音提示主要用于导航提示、拨打电话、来电提示和路况，处理各种信息。

GPS模块，其分辨率约为5米，用于对当前位置进行定位，当视力残疾人不慎走失时能通过该功能发求助，为亲人提供大概的位置，方便寻找。

盲人键盘模块用于输入盲文和进行按键通话，通过功能切换按键切换盲人输入模式和电话拨打模式，系统采用我国国家标准规定的现行盲文输入法，能实现盲文的输入[113]。

2. 盲人手杖部分

RFID模块：用于读取盲道的电子标签，RFID具有的读取速度快、不受覆盖物影响、磨损影响小等特点，使系统在实时性和稳定性方面得到保证。

超声波模块：用于识别常见的路况，一个超声波模块包括一个发送端和一个接收端，通过多个超声波模块组成超声波阵列对不同方向的环境进行采样分析，完成对常见路况的识别，提示视力残疾人是否有障碍物。

Zigbee 模块：用于将盲人手杖上获取的超声波和 RFID 数据传输至手持终端进行处理，Zigbee 无线传输受干扰影响小，能确保在室外多干扰的情况下正常工作。

试验结果表明该系统能够在大型建筑物内帮助视力残疾人进行导航。如今 RFID 技术发展得如火如荼，该技术或许将来也不再局限于室内使用，而是像一颗 GPS 卫星一样，成为视力残疾人士出行的可靠工具[113]。

（三）人工智能触觉腕带

美国人维沃克斯与一位视力残疾人合作，花了几个月的时间设计出了一款小型腕带——“引路带”，这款人工智能触觉腕带成功指引这位视力残疾人完成了纽约市马拉松。

引路带的工作原理是营造一条比人体稍微宽一点的虚拟走廊，它通过全球定位坐标和机器学习功能划定一条线路，然后通过视觉反馈，确保视力残疾人在虚拟走廊里行动。如果视力残疾人在行走过程中腕带没有任何反馈或触觉震动，则证明视力残疾人走在正确的道路上。相反，一旦偏离预定路线，腕带则会震动。

将来，引路带可以根据预设在各条路线上的几百万个数据点来塑造一条触觉走廊。且根据用户的反馈，引路带能提供最安全、最方便且人流较少的路线。与普通的全球定位系统不同，“虚拟走廊”拥有高度的精确性，视力残疾人稍微偏离路线几十厘米便能接收到引路带的智能反馈。

然而，大量金属建筑和桥梁让全球定位系统变得不够准确，路人的手机通讯很容易干扰到引路带的信号。此外，天气的变化也可能会导致超声波接收器发生故障。科技的发展需要漫长的过程，人工智能也是摸着石头过河，引路带的尝试让我们看到多年后可能实现的成果。

（四）智能盲人眼镜

科学家很早之前就对盲人眼镜进行过研究，但往往都是巨大的墨镜，采用笨重的摄像头和电脑。随着技术的进步，为了能够让视力残疾人士在享受智能导盲的同时不对身体造成太大负担，研制外形几乎与普通眼镜无差异的智能眼镜已经成为可能。

从 2014 年至今，科研工作者们将传统的盲人眼镜功能进行延伸，解决了传统导盲工具的诸多弊端并添加了多种新的功能，但仍然保持了设备的轻便性。

1. 智能导航模块

智能导航模块是智能盲人眼镜的特色之一[114]。针对视力残疾人行走时的不便，智能眼镜可通过语音激活内置的智能导航系统引导他们找到正确的路线。语音识别会抓住语句中的关键词，随即调用高德地图进入导航模式，指引视力残疾人安全出行。设备中内置多种发射接收装置，除了能够进行障碍探测及智能导航，还融合了人工智能技术，实现了语音识别、智能对话的功能。通过智能眼镜，视力残疾人可以与家人实时通讯，使他们在独自行走时不会感到寂寞，同时也增加了出行的安全感。

2. 物品识别模块

物品识别模块是智能盲人眼镜的核心[114]。此模块不仅可以让视力残疾人出行更加安全，还可以帮助视力残疾人再一次认识世界，当视力残疾人想要知道自己身前的物品时，可发出如“请辨别这个物品”的指令，智能盲人眼镜接受指令后便开启摄像头对视力残疾人身前的物品进行捕捉，经数据库或者使用网络服务搜索出最相似的物品信息，最后用语音将结果反馈给视力残疾人，实现对物品的识别。

智能盲人眼镜将功能单一的盲人眼镜与人工智能技术相结合，不仅轻便易携，而且功能众多，更富人性化，很大程度上解决了视力残疾人出行的不便，具有巨大的实用和研究价值。

但是，这种新型智能盲人眼镜的不足之处也是显而易见的，由于极大地追求轻便易携，牺牲了设备运行的精确度，这是亟待解决的问题。

（五）电子导盲犬

据统计，全国“挂牌上任”的导盲犬数量不足 200 只。面对数量庞大的视力残疾人群体，导盲犬如今是供不应求，在中国，视力残疾人想拥有一只导盲犬，是很困难的一件事。为帮助视力残疾人更方便地出行，避免导盲犬被拒绝进入各种场所的尴尬情况，建立一个对视力残疾人友好的社会环境，清华大学 GIX 学院的 Doogo 团队从导盲犬中获得灵感，研发了电子导盲犬 Doogo（图 5-1-2）[115]。

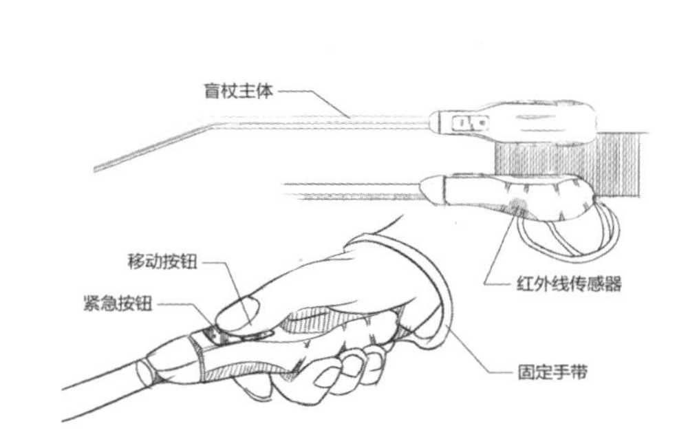

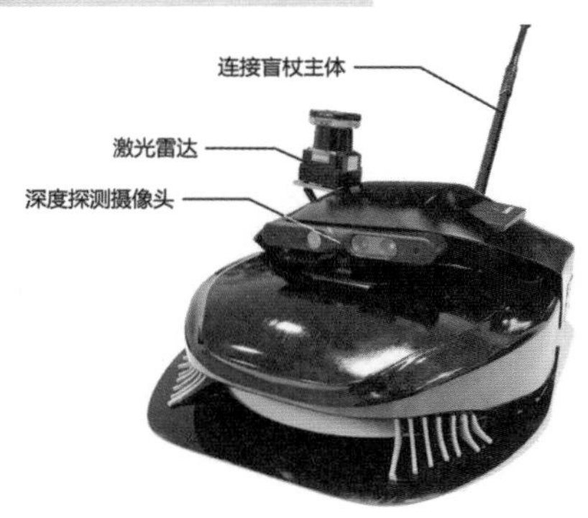

图 5-1-2
电子导盲犬 Doogo 示意图（引自：清华大学 GIX 全球创新学院 Doogo 团队）

Doogo 的功能强大，但使用方法却极为简单，和导盲犬类似，视力残疾人用户只需要手握牵引杆跟随 Doogo 行进即可。电子导盲犬具有以下功能和优点：

1. 导航、避障、避险

提前预知障碍物的位置并反馈，会给视力残疾人的出行安全提供极大的保障。为了提高探测障碍物的范围和精度，Doogo 的机身前方同时配备了激光雷达和深度摄像头。激光雷达的探测范围约为 25—30 米，精度为 3 厘米，可以精准地对周围环境探测并且感知障碍物，内置的 SLAM 算法会帮助实时地导航和避障[115]。

如果仅仅是实现单独的行进避障功能，基于激光探测雷达的 SLAM 模块就能胜任，Doogo 同时搭载的探测范围约为 15—20 米的深度摄像头主要有两个目的：

一方面是为了实现动态规划。对于视力残疾人来说，其周边的障碍物除了静态的物体还有很多动态的物体，比如行人、车辆等。如今市面上针对固定物体的避障算法已经很常见，相关技术也十分成熟，但针对动态物体进行避障则需要考虑很多因素，比如检测到的冲突是否具有危险性，若具有危险性那么需要先避让何种冲突。Doogo的核心技术就在于团队依托长期的技术积累自研的冲突分析算法，通过对捕捉到的视力残疾人用户和周围移动物体的运动速度和轨迹，并且根据过去一小段时间内运动物体之间相互运动的趋势，来分析动态障碍物是否会与使用者接触，从而进行实时的危险性评估，控制器也会针对危险等级做出相应动作。

另一方面是想在未来设立一个线上帮助平台。在复杂环境下，Doogo不能保证做出完全正确的处理，视力残疾人用户则可以通过电子导盲犬得到帮助平台后台人员的遥控帮助。Doogo团队表示，这个线上帮助平台注册用户已有千万[115]。

2. 持久续航

户外出行时，导盲犬可以在不工作的时候养精蓄锐，导盲工作也能持续很长时间。考虑到工作时长这一重要因素，该团队在对视力残疾人用户进行调查之后，摒弃了耗电大的足式设计，在内置的4400mAh的锂电池满电状态下，设备可正常运行3—4个小时，实现持久的续航[115]。

3. 价格合理

调查显示，中国约有1623万视力残疾人士，其中约有90%的视力残疾人属于低收入群体，所以低廉的定价才是打开视力残疾人用户市场的重要因素。现在Doogo的成本约为5000元，不过由于近年来无人驾驶技术飞速发展，越来越多的企业开始转向研究生产低成本激光雷达，未来有望通过小批量量产使Doogo的成本降至3000—4000元。

目前Doogo的设计还处于初级阶段，因此只进行了室内和室外简单环境的测试，下一步将会进行更复杂的场景测试，并根据使用情况对产品进行优化更新，预期3—6个月内可以进行小批量的量产。该团队正在开发一款应用在未来室外场景中的语音输入导航软件，同时会配合计算机视觉模块增加一些语音提醒等功能。此外Doogo样机的外形是使用开发平台制作的，所以高度较矮，且牺牲了机身前方深度摄像头的下仰角。未来Doogo团队会对结构设计进行优化，将摄像头放置的位置提高，从而可以探测更广的高度范围[115]。

（六）智能语音识别避障机器人

随着时代的发展，机器人被广泛应用于各个领域。采用工业机器人会使得产品的功能、品质更完善，且所需的人力更少，同时能更加高效、可靠和节省成本，拥有明显的生产优势。但由于其没有人的智慧和思维应变能力，所以只能执行单一的操作，而且一旦出现问题，会造成连锁反应和不可估量的损失。

机器人的智能水平可以反映出一个国家整体的科学技术水平，如何使机器人具有语言、感觉、运动、调整等功能，并在某些领域取代人工劳动，是智能机器人研究的主要方向[116]。

显然，智能机器人的发展适应现在的潮流，适应高速发展的智能时代。人性化的控制使得它们也能运用到门卫监测、大众娱乐、障碍物监测等场合，同时也可以推广到电子智能导盲中去。因此智能语音识别避障机器人应运而生，其结构设计合理，系统的性能优良稳定，能实现多种功能。

1. 避障报警功能

该机器人能对自身进行控制，在遇到障碍物时会停止运动并向使用者发出反馈信号，精度可达到 0.01 米，能实时帮助使用者躲避障碍物[116]。

2. 语音交互功能

由于视力残疾人的主要信息获取是依靠听觉，所以该设计采用了语音识别系统，内置语音播放子程序，使用者能对机器人进行语音控制，机器人也能够对使用者的命令做出各种反应和回答[116]。

3. 行动灵活

面对复杂路况，需要机器人有良好的行动能力。这款智能语音识别避障机器人，能根据使用者的命令，很好地完成前进、后退、左转、右转、停止等动作，增加了应对复杂地面情况的能力[116]。

虽然这些科技产品在人性化、功能、价格等方面或多或少都存在着一些缺陷，但不能否认的是，在导盲领域，人工智能迈出了坚实的一大步。在不远的将来，人工智能很有可能成为视力残疾人的“眼睛”。

三、人工智能在视力残疾人无障碍出行中的发展趋势

随着科技和人工智能日新月异的发展，专为视力残疾人的无障碍出行打

造的人工智能产品层出不穷，环境因素对人工智能产品的负面影响将会越来越小，这些产品在很大程度上将决定视力残疾人未来的出行方式。今天，已经有很多人工智能研究的成果进入视力残疾人的日常生活。将来，人工智能技术的发展会给视力残疾人的出行等带来更大的便捷。

（一）语音系统的加入

时代在发展，科技在进步，生活中各种各样的人工智能产品已经变得越来越人性化，视力残疾人无障碍出行相关的人工智能也不例外，它们将不再是冷冰冰的机器，语音系统的加入使视力残疾人在出行途中能够与人工智能产品进行对话或者与家人实时通讯，使他们在独自行走时不会感到孤单，给视力残疾人以心灵的慰藉。此外，视力残疾人无障碍出行相关的人工智能产品往往都具有精确的全球定位系统及导航功能，在视力残疾人出行过程中，人工智能产品规划的路线注重安全与通畅，尽量避开交通复杂、人群拥挤的路线，使视力残疾人的出行更加安全便捷。

（二）精确度提高

目前，无障碍出行人工智能产品的故障很多都是由于雨雪等恶劣天气原因造成的，大量的金属建筑、桥梁让全球定位系统变得不够准确，路人的手机通讯也很容易干扰到定位系统的信号。科研人员正在通过自己的努力对产品做出改进，所以，未来的无障碍出行人工智能产品的精确度将大大提升，让视力残疾人的出行质量有所提高。

（三）平民价格的实现

随着人工智能的日益发展，视力残疾人“看”世界必将成为现实，但真正想做到惠及全体用户还需要实现平民价格[117]。由于人工智能的设计、研发、生产及售后成本居高不下，极大程度地限制了人工智能用于实际用途，这就直接导致各大公司在对视力残疾人人工智能产品的研究中投入较多，而在后续产品的生产落实中投入不足。所以，在将来，工程师降低视力残疾人无障碍出行人工智能产品的研发成本、注重技术落实与生产必定会成为总体的业界趋势。

（四）更强大的功能

将人工智能应用到视力残疾人无障碍出行发展中，将给视力残疾人创造一个良好的智能出行环境，使他们能够随时随地了解周边环境，大大提高视力残疾人现有生活质量、生活品质和生活乐趣。在未来，视力残疾人无障碍出行人工智能产品的功能将越来越强大，这些产品将不仅仅拘泥于出行安全，视力残疾人生活中的方方面面都将受益于人工智能产品。随着科技的发展，我国人工智能技术在各个领域的应用将更广泛，从而为视力残疾人创设一个安全便捷的出行和生活环境，让视力残疾人所在环境变得丰富多彩，更加科技化、智能化，更好地发挥人工智能技术的积极作用。

第二节　人工智能与导盲犬

著名物理学家霍金曾经在英国《卫报》中说道：工厂自动化已经让众多的传统制造业工人失业，而人工智能的兴起很有可能会让失业潮波及中产阶级[118]。一份花旗银行和牛津大学联合发布的报告当中指出：在美国47%的就业岗位可能会被机器替代，而在中国这个比例是77%。显然，人和机器的竞争存在一条“分数线”，只要不及格就会被市场无情地淘汰。但是，这一论调并没有提到导盲犬。

在大方向的掌控上，导盲犬终究是比不上人工智能的“千里眼”和“顺风耳”的，但在小细节的处理上，人工智能依旧无法与导盲犬比拟。

一、人工智能的优势与存在的问题

（一）人工智能的优势

随着信息技术和人工智能的发展日新月异，科技人员为视力残疾人打造的多款人工智能产品为视力残疾人的出行带来了非同一般的便利。

1. 产品多样化且功能强大

相较于传统的盲人出行辅具，现代人工智能产品多样化且功能强大，这些产品不仅仅拘泥于视力残疾人的日常行走，它还可以应用于视力残疾人购物、教育、休闲、娱乐等生活上的方方面面。许多视力残疾人士无障碍出行的人工智能产品都具有发射接收装置与导航语音播报系统，既可以实现障碍探测、查询路线，同时又可以通过语音播报系统以及无线蓝牙系统与视力残疾人进行实时交流，从而解决了传统手杖和导航设备的诸多问题，为视力残疾人提供了更加高效安全的导航。

2. 人性化的设计

由于视力残疾人身体上的缺陷，他们往往无法理解与操作复杂的电子产品，现代视力残疾人无障碍出行的人工智能产品的设计往往更加合理与人性化，它们使用简单、方便理解，为视力残疾人省去了许多繁杂的操作。同时，视力残疾人无障碍出行的人工智能产品如电子盲杖等设备大多轻便易携，又或是如电子导盲犬等设备具有独立行走能力，这些产品都能够方便视力残疾人佩戴或使用，而且能够更加准确更加安全地导航，并且也更加人性化，为视力残疾人的生活也增添了色彩。

（二）人工智能存在的问题

尽管最近几年人工智能飞速发展，在一些领域已取得相当大的成果。但从无障碍出行来看，人工智能发展曲折，而且还面临不少难题，主要有以下几个方面：

1. 精确度易受干扰

大多数的无障碍出行人工智能产品都具有发射接收装置以及全球定位和导航系统，然而，手机通讯很容易干扰视力残疾人智能辅具的信号，随着交通的变化，地铁等大量金属交通工具及建筑都会使探测系统和定位系统变得不够准确。另外，天气也有可能会导致无障碍出行人工智能产品零件的故障，一旦产品出现问题，视力残疾人的安全出行就难以得到保障。

2. 价格偏高

昂贵的价格是将视力残疾人与人工智能产品隔开的鸿沟之一。研究生产程序繁琐、产品落实周期慢、产品研究投入过多、后续生产落实中投入不足都直接导致了视力残疾人无障碍出行相关人工智能产品的成本高居不下，无法实现平民价格。然而，视力残疾人由于身体缺陷，在工作以及出行上有诸多限制，所以大多经济较为困难，智能产品更加难以普及，由此可见，视力残疾人人工智能产品的高成本问题亟待解决。

3. 难以带来心灵慰藉

“科技泯灭人性”——这是当今社会的一大热议话题。为何科技在进步，文明却在倒退？为何生活在提高，人性却在泯灭？科技的发展原本是为了人类生活的更加舒适，而现在出现的“低头族”却让我们不得不去反思：导盲产品发展的过程中，究竟会给视力残疾人的世界带来什么，又会让他们失去什么？机器是冰冷的，无论多么的智能，都始终改变不了它们是一块块硅化物集成品的本质，人工智能产品至少在现阶段不能给视力残疾人带来心灵上的温暖，这也是人工智能产品与导盲犬较大的区别之一。

二、导盲犬的优势与存在的问题

（一）导盲犬的优势

1. 视力残疾人的守护者

导盲犬是视力残疾人的眼睛，是温顺聪明、训练有素的工作犬，能够帮助视力残疾人士外出活动，给予了他们生活中的陪伴与关怀，24 小时不间断地守护在视力残疾人的身边，是他们忠实的守护者（图 5-2-1）。很多使用导盲犬出行的视力残疾人表示，导盲犬不仅引导他们的正常出行，在发生危险如遭遇抢劫、陌生人搭乘电动车恶意快速接近、不明来历的犬只靠近攻击时，导盲犬都坚守在他们的身边保护视力残疾人的安全。因此经过严格的培训，导盲犬有能力帮助视力残疾人去任何想要去的地方并保护他们的安全。

图 5-2-1
使用者在导盲犬旁小憩

2. 与视力残疾人的配合度高

与人类一样，每一只导盲犬的气质、性情均不相同，经过导盲犬与使用者的配型和长期相处，导盲犬对使用者的性格习惯愈发地了解和适应，在出行中更具有个性化和准确性。不同于语速及程序固定的智能产品，每一只导盲犬对它所服务的视力残疾人最能适应的步速、转弯点、障碍前的停顿距离等都有清晰的认识，在陌生路况中导盲犬在身侧的陪伴能够给视力残疾人带来较大的心理支持和鼓励，因而导盲犬能帮助视力残疾人完成最舒适的出行。

3. 丰富视力残疾人的生活

导盲犬的出现给视力残疾人带来丰富的精神世界。首先，视力残疾人在与导盲犬的相处中处于领导者地位，对犬要进行养护、关爱、教育，这些行为会从某种角度上帮助视力残疾人士建立信心，更自信地融入社会生活，更独立地出门工作、聚会、旅游，在满足出行、工作等基本需求的基础上，满足精神福利，提高生活幸福感。其次，使用导盲犬出行能引起更多的行人关

图 5-2-2
高铁上列车员为导盲犬使用者引路（上左）
两位视障人士因导盲犬而结为夫妻（上右）
视障人士与导盲犬的丰富生活（下）

注，一方面在视力残疾人需要帮助的时候更容易获得友善的提示和引导，另一方面给了陌生人与视力残疾人更多的交流契机，让更多的人了解视力残疾人士的生活，彼此成为朋友。在我国导盲犬工作的发展中有很多导盲犬使用者因犬结缘，与其他的使用者以及视力健全人成为朋友、爱人（图 5-2-2）。

4. 残疾人福利的重要组分

导盲犬是残疾人福利事业的重要组成部分。现如今，视力残疾人主要通过步行或者公共交通工具出行，社交场景主要在于工作、购物、社交、教育、修养等，而导盲犬能够帮助视力残疾人实现独立生活和参与社会活动，是改善视力残疾人生活质量、提升幸福水平、增强自信的重要手段。同时，导盲犬还反映一个国家社会福利事业以及社会文明的程度，它能够唤起整个社会对残疾人的关爱意识，提高对残疾人福利事业的关注程度，对构建和谐社会有着重要意义。

（二）导盲犬存在的问题

1. 数量稀少

大多数视力残疾人士都希望拥有自己的导盲犬，这样他们就能够像正常人一样安全出行。中国约有 1623 万视力残疾人士，但北京目前仅有 10 条登记注册的导盲犬。国际导盲犬联盟规定，1% 以上的视力残疾人使用导盲犬可视为导盲犬的普及，因此，我国起码要有近 16.23 万只导盲犬才能达到“普及”[119]。在欧洲国家，导盲犬已非常普及，现在美国有 1 万只导盲犬，英国有 4000 多只，德国有 1100 多只，日本有 900 多只，法国有 600 多只，澳大利亚有 500 多只，中国台湾有近 30 只[120]。在许多国家和地区，免费使用导盲犬是视力残疾人的一项社会福利，至少有 30 多个国家通过立法予以保障。而在中国，导盲犬无论在数量上还是法律法规上，都存在着不足，据统计，中国大陆现阶段服役的导盲犬仅有 180 余只。

2. 导盲犬事业起步晚

我国内陆地区导盲犬工作起步较晚。最早是由从日本留学归来的动物行为学博士、大连医科大学王靖宇教授从 2004 年 10 月开始培育、培训导盲犬工作。该工作受到中国残疾人联合会的高度重视，经其批准，由大连医科大学和大连市残疾人联合会共同组建我国内陆地区首家导盲犬培训基地——中国导盲犬（大连）培训基地，落户大连医科大学 。此后的几年间，上海、山东、福建等地也开始着手导盲犬培训基地的建设[120]。

3. 训练成本高

综合智力、性格、身材、执行力等因素，在筛选完240种常见犬种以后，合格犬种仅有拉布拉多犬和金毛猎犬这两种。然而它们在接受培训后，还要面对接近60%的淘汰率。同时，导盲犬的筛选与训练非常严格，成本也很昂贵，每只导盲犬的成本为10—15万元人民币，费用主要包括培训基地设施的建设及维护、训导员费用和犬的日常生活消费等。而且因导盲犬训练的专业性强、时间长、耗资巨，加之训成后都无偿捐献给视力残疾人使用，无资金回收，政府补贴少，入不敷出，使中国各大导盲犬培训基地都面临着巨大的压力。

4. 出行难

导盲犬作为一种新兴事物，但却正在面临着“出行难”的尴尬，视力残疾人士携带导盲犬出入公共场所是人权保障之一，法律规定之实施，导盲犬服务于视力残疾人是一项神圣的使命[121]。对国内外导盲犬出入公共场所进行比较，分析差异的原因，法律应为导盲犬出入公共场所改善无障碍空间，政府有义务为他们提供必要的便利与服务，增进视力残疾人自尊、自信及参与社会、融合社会，并希冀社会构建无障碍的残疾人观，维护视力残疾人的权利，尊重视力残疾人[121]。虽然越来越多的法律规定允许导盲犬进入公共场所，但它们还是常常面临“车难乘、门难进”的情况。

5. 专业人才紧缺

与国外导盲犬发达国家相比，我国的导盲犬训导员在我国是一个新兴职业，十分缺乏专业训导员人才，这也是我国导盲犬训成数量较少的主要原因之一。中国导盲犬（大连）培训基地为此采取了相关措施，基地派遣人员前往导盲犬相关培训技术在世界领先的发达国家进行系统学习，同时也积极邀请国外导盲犬训导专家来基地进行培训，让基地训导员能够学习国外先进的训导经验和技术[120]。

6. 训练困难

导盲犬犬种的选择非常重要，比较常见的犬种有拉布拉多犬和金毛猎犬等。作为导盲犬，要求性格温顺、体型适中，有一定随机应变的能力。根据世界导盲犬联盟统计，拉布拉多犬训练成功率低于50%，金毛猎犬训练的成功率低于30%。而这些犬由于15%左右患有先天性的近视或其他先天性遗传疾病而不得不被淘汰。我国对于这两个犬种也没有系统的繁育群体，所以可选范围比较窄。训练初期，导盲犬要逐渐适应人类的生存环境，服从命令，适应主人的日常生活。另外，在训练导盲犬的时候主人要控制好犬，同时与之形成多层面的默契，要做到这一点非常困难，对于全盲的主人来说，给犬喂食、洗澡、处理粪便是困难的。双方之间互相依赖关系的建立需要时间的积累。

在许多社会爱心人士的努力下，在短短的几年里，我国的导盲犬工作取得了初步的进展，在此基础上导盲犬事业还存在许多的问题。只有全社会都能积极参与到导盲犬的事业中来，我国的导盲犬事业才能更上一层楼。

第三节　导盲犬与人工智能的互补融合

不可否认，在导盲领域大力发展人工智能技术已是大势所趋，未来将有更多高效、便捷的产品问世。同样，加大对导盲犬事业的各项投入，亦是增加视力残疾人幸福获得感、提高社会和谐稳定的一大必要措施。现阶段，人工智能水平想要取代导盲犬还有很长的一段路要走。而视力残疾人脱离智能产品，在现代化多变的外部环境中仅依靠导盲犬出行也是困难重重。综合人工智能与导盲犬的各自优势，二者的互补融合将是未来长期的发展趋势。

一、导盲犬与智能导航相结合

导盲犬只能引领视力残疾人在比较熟悉的区域内顺利安全地抵达目的地。然而，当视力残疾人想要到达一个陌生的目的地，仅凭借导盲犬的安全性行走辅助是不够的，还需要导航的帮助。所以就目前的情况来说，大多数拥有导盲犬的视力残疾人都是通过导盲犬与盲人智能导航系统相结合的方式出行。现阶段，导航系统以及各种导航软件已经深入到人们的日常生活，出门、旅行、驾驶等外出活动都离不开导航的身影，高德导航、百度地图、腾讯地图等导航软件获得了长久的发展。但是，导航系统虽然在大方向的把控上能做到精确引导，但在行进的路途中，乘坐各种不同交通工具、上下台阶、转弯、实时避障、及时避险等方面还需要依靠导盲犬才能做到。

就现阶段来说，为视力残疾人设计的优秀的人工智能导航产品会尽量避开交通复杂、人群拥挤的路线，为视力残疾人选择更加安全快捷与畅通的路线。然而在精确度方面，导航系统常常受雨雪等恶劣天气、金属建筑以及手机信号的影响，而导盲犬恰恰可以弥补导航系统存在的这些问题。

导盲犬作为鲜活的生命，经过训练，它能够灵活应对视力残疾人出行路上的各种障碍，对紧急情况能够随机应变，同时它也能够处理室内等导航盲区，帮助视力残疾人安全到达目的地。

导盲犬填补了普通导航产品无法规避障碍的功能空白区，导航系统也解决了导盲犬在陌生地点无法识别路线的问题，通过导盲犬与导航产品相结合，可使视力残疾人的出行更加安全快捷。

二、导盲犬的个性化培训

（一）针对人工智能产品的导盲犬个性化培训

一般来说，人工智能产品都是无差别的流水线生产。流水线生产是一种极其有效的生产组织方式，能使产品的生产过程较好地符合连续性、平行性、比例性以及均衡性的要求。它的生产率高，生产周期短，能及时地提供市场大量需求的产品。流水线生产的主要缺点是不够灵活，不能及时适应市场对产品产量和品种变化，以及技术革新和技术进步的要求。对流水线进行调整和改组需要较大的投资和较长的时间。由于中国的视力残疾人数量庞大，关于视力残疾人的人工智能产品，只要经过测试并证明产品合格，新产品必定会通过流水线工艺进行生产制造。虽然产品能够满足视力残疾人的大部分需求，但在个性化的需求上却很难做到。每个使用者的生活习惯差异决定了从流水线工艺上生产出来的产品不可能满足每个人的个性化需求。此外，技术革新无时无刻不在进行，基于新技术的新产品将比之前的产品更加先进和实用，但对部分视力残疾人来说，“换新”却是一个很大的负担。

所以，基于人工智能的无差别特点，对导盲犬的培训可逐渐集中到个性化培训，使导盲犬的个性化能够与人工智能产品的无差别形成互补，为视力残疾人带来更安全便捷的出行。例如，针对视力残疾人普遍使用的人工智能产品功能上的空白区，对导盲犬进行个性化培训。目前为视力残疾人开发的多功能电子盲杖已经被广泛使用，该产品集定位导航、障碍物规避于一体，然而，该产品在细节上的处理能力不足，无法寻找斑马线以及判断路况来协助视力残疾人安全过马路。在复杂环境下，也无法选择最佳安全路线。另外，室内也是该产品导航功能的盲区。针对这些问题，导盲犬培训基地可以着重训练犬帮助视力残疾人安全穿越马路，带领视力残疾人选择安全行走路线，以及在室内协助视力残疾人寻找目的地等细节上的处理能力。或许在将来，人工智能的功能逐渐强大，视力残疾人的人工智能产品功能空白区逐渐被填补，导盲犬需要强化训练的部分则会越来越少，但是不可否认的是，视力残疾人对导盲犬的个性化需求不但不会减少，还将进一步增加。它们给视力残疾人带来的心灵的慰藉是人工智能产品无法替代的，协助视力残疾人正常生活将是它们永恒的使命。

（二）针对视力残疾人的导盲犬个性化培训

视力残疾人的具体情况与不同需求也是导盲犬进行个性化培训的另一重要依据。为不同视力残疾人设计不同导盲犬训练方案可以提高导盲犬训练效率，对犬与视力残疾人更好地磨合也大有裨益。

（1）综合考虑视力残疾人的生活环境，加强导盲犬应对视力残疾人特殊环境的训练。如果视力残疾人居住环境的周边存在大量的红绿灯、车辆，则应该加强它们的紧急避险训练。

（2）中国每年都会有新的视力残疾人出现，突然失去光明可能会彻底扰乱他们的生活，连找东西、穿衣服都成了困难。将导盲犬训练成一名合格的“保姆犬”，或许能给他们艰难的生活带来希望。

（3）视力残疾人也有自己的喜怒哀乐，要让他们时刻保持一颗火热的心，不对生活失去希望，在他们伤心的时候，让导盲犬兼职成一名“治愈犬”，学会“察言观色”亦是一种训练方向。

（4）适应能力的培养是导盲犬个性化培训的源泉。不论周边是什么环境，也不管视力残疾人的性格如何，能够快速适应一切环境并熟悉主人生活习惯是导盲犬不可或缺的重要特征。

三、视力残疾人无障碍出行的多样化选择

现阶段，为了更好地实现视力残疾人的无障碍出行，我国视力残疾人无障碍出行辅具的多样化日益明显。视力残疾人依据自身的生活条件、个人喜好以及对新事物的接受程度，对无障碍出行的辅具也有着不同的需求。老旧的盲杖、鲜活的导盲犬、集高科技于一体的智能产品，哪一个才是视力残疾人出行的首选则因人而异，但这些为视力残疾人所提供的多样化选择机会却是前所未有的。

随着科技的不断发展，为视力残疾人设计的人工智能产品功能将会越来越强大与人性化，多样化的产品也陆续进入了人们的视线。人工智能电子盲杖的出现解决了传统盲杖无法定位的问题；盲人导航系统则通过语音识别系统与视力残疾人实时交流；人工智能触觉腕带为喜爱运动的视力残疾人提供跑步的实时信息；智能盲人眼镜能够更全面地检测障碍；电子导盲犬可以对红绿灯情况、公交站情况进行提示；盲人打车软件为视力残疾人提供了交通的多样化选择。

导盲犬作为鲜活的生命，它们为视力残疾人带来的心灵上的慰藉是冰冷的机器所无法替代的，它们的陪伴是视力残疾人最宝贵的财富。导盲犬倾尽一生为人类默默地奉献着，在视力残疾人的内心开出一扇光明之窗，给他们带来光明和温暖。“我愿奔走一世，牵你追寻光明”——对于孤独的视力残疾人来说，最重要的就是关怀和陪伴。导盲犬的陪伴能够为视力残疾人增加自信与安全感，让他们能够充满信心地独立出行。另外，由于导盲犬的存在而形成的目标扩大，拥有导盲犬的视力残疾人在出行过程中能更好地引起路人以及司机的关注，出行也就更加安全。在日常生活中，聪明的导盲犬还能够照顾视力残疾人的衣食住行，它更像是视力残疾人的一位朋友，时时刻刻守护着他们。因此，拥有一只导盲犬，是大多数视力残疾人梦寐以求的心愿。

在社会和科技迅猛发展的新时代，国家和人民更加重视“平等、参与、包容”的理念，视力残疾人的无障碍出行也将逐渐成为现实，无障碍出行辅具的多样化选择为视力残疾人提供了极大的便利和人文关怀。

第六章

关爱导盲犬

十七大报告中提出“加强和改进思想政治工作，注重人文关怀和心理疏导”，这是“人文关怀”这个词第一次进入公众的视野。人文关怀的提出体现了对人的生存状况的关怀、对人的尊严与符合人性的生活条件的肯定，对人类的解放与自由的追求。导盲犬作为视力残疾人无障碍出行的重要方式之一，加强对导盲犬的人文关爱也是对视力残疾人的人文关怀的一个重要方面。对导盲犬的人文关爱主要体现在两个方面，即生存和工作状态。首先，应满足导盲犬生存的动物福利；其次，导盲犬在工作状态下可引领视力残疾人无障碍出行。

第一节　导盲犬的动物福利

导盲犬作为一种工作犬和伴侣犬（图 6-1-1），满足导盲犬的动物福利是体现对导盲犬人文关爱的最基本标准，是一个国家精神文明进步的重要标志，是关怀视力残疾人的意识提高的重要表现。

动物福利（Animal Welfare）就是从满足动物的基本生理、心理的角度，科学合理地饲养动物和对待动物，保障动物的健康和快乐，减少动物的痛苦，使动物和人类和谐共处。动物活着本身就有维持其生命、健康甚至舒适的需求，这种需求的满足度越高，动物福利的水平就越高。因此提高动物福利的实质即更好地满足动物的需求[122]。科学证明，如果动物健康、感觉舒适、营养充足、安全、能够自由表达天性并且不受痛苦、恐惧和压力威胁，则满足动物福利的要求。动物福利的五大基本要素为：生理福利，即无饥渴之忧虑；环境福利，也就是要让动物有适当的居所；卫生福利，主要是减少

图 6-1-1
导盲犬与使用者亲密互动（左）
及为使用者服务（右）

动物的伤病；行为福利，应保证动物表达天性的自由；心理福利，即减少动物恐惧和焦虑的心情[123]。

导盲犬的成长、培训、服役及退役期均与其他的宠物犬和实验犬不同，除满足其基本的生存条件外，还需要尽可能给予更多的人文关爱。导盲犬在非工作状态下，可以像宠物犬一样，但是在穿戴上导盲鞍后，需要保持最佳的工作状态。另外，还需要做到定期的体内体外驱虫、免疫预防、疾病预防和治疗等。

一、生理福利

犬是以肉食为主的杂食性动物，为满足犬健康生长所必需的各种营养成分，需要注意按不同阶段的营养需要合理搭配日粮。掌握科学的饲养方法，禁止饲喂鸡骨头、炸鸡排、兔架、鱼刺等尖锐不易吸收的食物，大葱、洋葱等易使犬引发疾病甚至中毒的食物，以及对犬牙齿和骨骼发育有害的食物。保证犬能喝到新鲜卫生的饮用水。

此外，调教犬从小养成良好的饮食习惯，避免犬养成挑食、偏食、暴饮暴食等坏习惯。

二、环境福利

寄养期的幼犬、服役期的导盲犬和退役犬一般情况下都会与志愿者家庭或使用者家庭一起生活。训练期的犬一般会生活在犬舍，犬舍应尽量保证冬暖夏凉，经常通风换气，保持卫生清洁。无论犬在工作环境还是在家庭环境，都需要有固定的休息和饮食场地。休息场地的选择要保证犬主人在犬的视力范围内，以给予犬安全感。另外，睡垫要经常除灰尘和皮屑，并且常在阳光下晾晒。

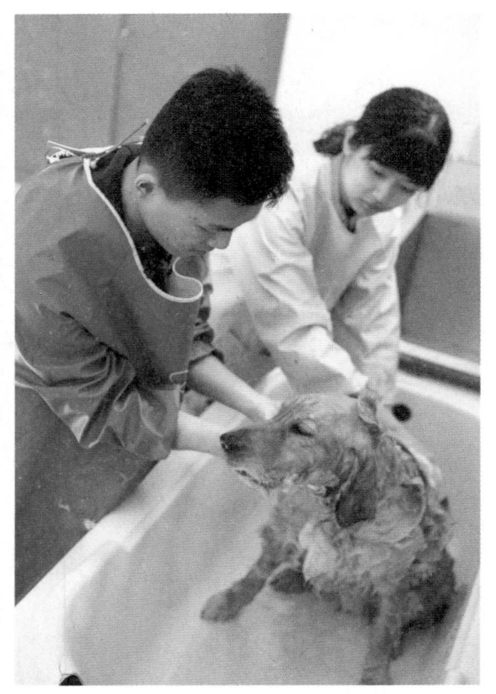

为保证犬的卫生还需要做到定期为犬洗澡、梳毛、修剪趾甲、清理眼耳分泌物[124]（图 6–1–2）。犬的用品及饮食器材也应随时清洗，定期消毒。

三、卫生福利

图 6–1–2
志愿者为在训犬洗澡（上）
训导员为在训犬梳毛（下）

德国哲学家叔本华曾说过：“健康的乞丐比有病的国王更幸福。”这句话鲜明地道出了健康的重要性。对人如此，对犬亦然。维护健康远比出现健康问题以后的治疗更重要，更有效。加强对导盲犬的日常健康维护是对导盲犬人文关爱的基本要求。

对犬的日常健康检查非常重要，主要从犬的精神状态、饮食情况、被毛状态、皮肤状态、五官状态、排泄物等判断导盲犬的基本健康状况。具体健康检查的方法如下：

精神状态：如果由原来的兴奋、活泼变得沉默、呆滞，由原来上蹿下跳变得冷漠、伏地不动，甚至恐惧躲避、夹尾、弓背、不摇尾等均为不健康的征兆。

饮食情况：如果饮食突然减少，或完全不饮不食，或仅饮不食，或狂饮暴食等，都是不良的征兆。

被毛状态：正常被毛应油亮、光滑、柔顺、疏密均匀、不脱落，或少而均匀地脱落（季节性换毛除外）。长毛犬不结毡易梳理，短毛犬或刚直竖立或平服贴于体表。否则，均有生病的可能性。

皮肤状态：检查其皮肤应从头部至尾部，从背部到胸腹部，再到四肢，逐步看、摸、捏、压时的反应。看有无伤痕、破口、皮屑、成片脱毛等；摸其温度、厚度，有无肿胀、硬块，其干燥还是油腻；提起皮肤看皱褶复原时间短长，同时还要看犬对皮肤的敏感度（如痛叫、避让）；用指压各部皮肤有无生面馒头样感觉或皮下出现捻头发样的“吱吱”声，如果有说明犬可能患上了皮肤病或其他疾病。

五官状态：两眼无神、目光呆滞，或出现斜视、两眼睁不开、红肿流泪、眼底色彩改变等均可视为不健康；耳朵不随声响转动，唤其反应差或毫无反应，不断用爪挠耳，耳内发出异常腥臭味或有污秽甚至腐败的液体流出等也为不健康的表现。

排泄物：观察大小便的次数、数量、性质（包括颜色、气味、清浊度、软硬度、有无异物等），以及排便时的姿势与表现（有无痛苦或困难等）。凡与平时观察的不一致都可能是出现了疾病。

身体变化：如果四肢或腰背部有肌肉、骨骼、关节等发生异常，其走路的姿势多会变化，如腿瘸、三脚跃、不肯走路，或走路时伴有痛苦的呻吟、嚎叫、跳跃受限等；胸腹围突然或渐渐变大（妊娠除外）或缩小等，均是不健康的表现。

若出现以上任何一方面不健康的表现，需进一步检查犬的体温、呼吸、心跳及血液指标等确认导盲犬的健康状态，若出现疾病则需做到早预防、早治疗。为导盲犬建立健康档案、制定免疫程序和驱虫计划，以此帮助犬避免很多健康问题（图 6–1–3）。

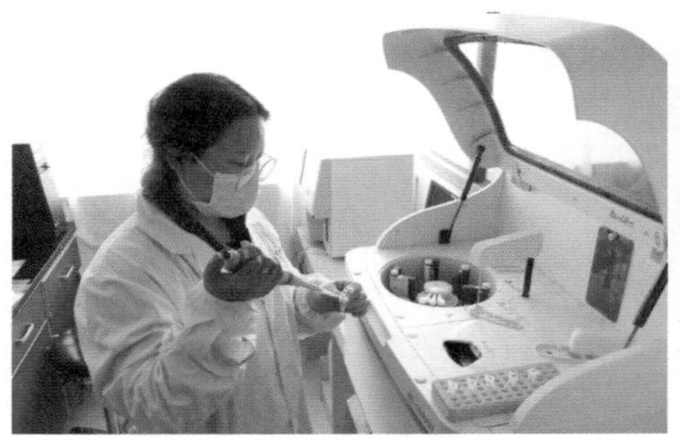
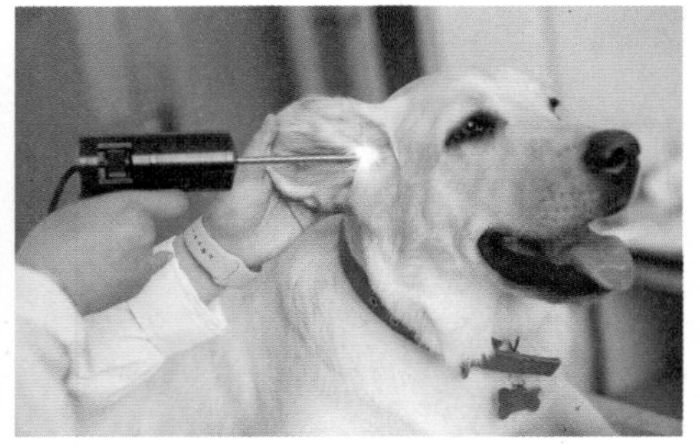

图 6-1-3
兽医师定期为犬进行血常规及血生化健康检查（左）及耳道检查（右）

四、行为福利

动物福利并不是排斥人类对动物以现有的方式进行利用，而是要求人们在利用动物的同时，关注动物的福利，尽最大能力保障动物福利。因此，工作状态下的导盲犬，并不违背动物福利。导盲犬在脱掉导盲鞍和工作服之后和普通的宠物犬一样，可以与人或其他动物进行互动、游戏，可以自由地表达天性（图 6–1–4）。导盲犬可在每日正常导盲工作的运动量的基础上适当增加运动量，保证每天有足够的运动，但运动不宜太剧烈，以免造成骨骼和肌肉的损伤。

图 6-1-4
导盲犬脱掉工作鞍后下海游泳（左）及在草地上自由奔跑（右）

五、心理福利

（一）寄养期间

幼犬的心理发育和环境有很密切的关系。寄养是幼犬接触人类生活环境的开端，这个时期的幼犬，外界环境的刺激对它们的影响较大。此时，寄养家庭需要有足够的爱心、耐心和恒心，引导幼犬接触并熟悉陌生的环境，减少外界环境对幼犬的不利影响。

幼犬心理健康的基础是在满足幼犬的基本生活需求的同时，还需要得到来自寄养家庭的关心与关爱。2—6 周龄的幼犬，其感觉系统已经开始逐步完善，所以“印记”的学习方式发挥了很大的作用，在这个时间段里，它对于外界的伤害性刺激容易形成稳固而且不易改变的记忆。因此在这段时间里，要创造相对安全的环境，让幼犬不会在无意识中受突如其来的刺激。幼犬进入 6—9 周的身体成长期，伴随着机体差异的出现和加剧，犬的活动出现比较强的“自我意识”，其中最明显的“自我意识”的行为表现为争抢食物。如若此时不好好地加以引导，就会出现护食性攻击行为，养成难以纠正的不良行为习惯。犬个体意识的引导是其心理成长的关键，因此寄养家庭要与幼犬建立良好的关系，为幼犬创造有利其身心发展的环境，并且有针对性地塑造幼犬的心理，提高幼犬的心理素质，为幼犬成为合格的工作犬提供有力的保障。

（二）训练期间

导盲犬在进入训练期前，离开寄养家庭是犬经历的第一次分离，然后在新的主人——训导员的指引下开始导盲技能的学习。在这个阶段的犬会有分离后的不适应，甚至还有分离焦虑的倾向，此时，训导员需耐心地引导犬（图 6-1-5），适应基地的集体生活环境，以良好的状态进入训练阶段。

犬在训练期间多以正向诱导鼓励（图 6-1-5）和言语批评的训练方法进行培训。严禁任何虐待犬的行为出现，尽量减少出现恐惧和焦虑的行为表现。

每只犬的性情和接受能力不同，在训练期间训导员需要进行个性化训练课程，充分利用和发扬犬的优点，并努力纠正犬的缺点。若犬的个性多疑，需加强针对性的脱敏训练。胆小的犬，需常带犬接触和探索多样的社会环境，建立犬的自信心。兴奋型的犬，需增加稳定性训练。训导员需要有足够的耐心，用正确的教育方法纠正犬的不良行为。

图 6-1-5
训导员与犬游戏（左）及表扬、鼓励训练中的犬（右）

（三）服役期间

导盲犬在进入共同训练前，离开训导员是犬经历的第二次分离，此后开始适应新的主人——使用者，并为使用者服务。此阶段的犬在没有训导员引导的情况下，开始独自引领使用者出行。使用者需增强与导盲犬之间配合的默契度，减少犬的工作压力，安全出行。

使用者需正确地使用导盲犬，满足动物福利的基本要求。使用者作为导盲犬的服务对象，是与导盲犬相处时间最长的人。使用者在使用导盲犬为其服务的期间：不得改变导盲犬的生活习惯；需给予导盲犬舒适的生存环境，不得虐待导盲犬；不得使导盲犬受到惊吓；不得让导盲犬长期处于紧张的状态下工作生活；不得使导盲犬在生病期间为其服务，在生病期间给予充分的时间让导盲犬恢复健康；不得对导盲犬造成其他的伤害。

（四）退役期

导盲犬退役后，离开使用者是犬经历的第三次分离，退役犬会在爱心志愿者家庭中安度晚年，此期间志愿者家庭不仅需要满足退役犬的基本生活需求，还需给予退役犬足够的关爱。导盲犬退役后，由原来的工作犬转变成宠物犬，心理会发生很大的变化，如果不能正确地引导，退役犬会产生抑郁的情绪，甚至会转变成抑郁症。为了防止不利于退役犬心理健康因素的产生，爱心志愿者家庭需密切关注退役犬的心态变化，根据退役犬的实际情况，进行心理健康引导。

（五）其他

导盲犬对于视力残疾人来说除了充当自己的眼睛之外，更是一个值得信赖、依靠的朋友或是亲人。公众应该以尊重和接受的态度对待导盲犬。对导盲犬最大的帮助就是严格遵循“四不一问”（图 6–1–6）。

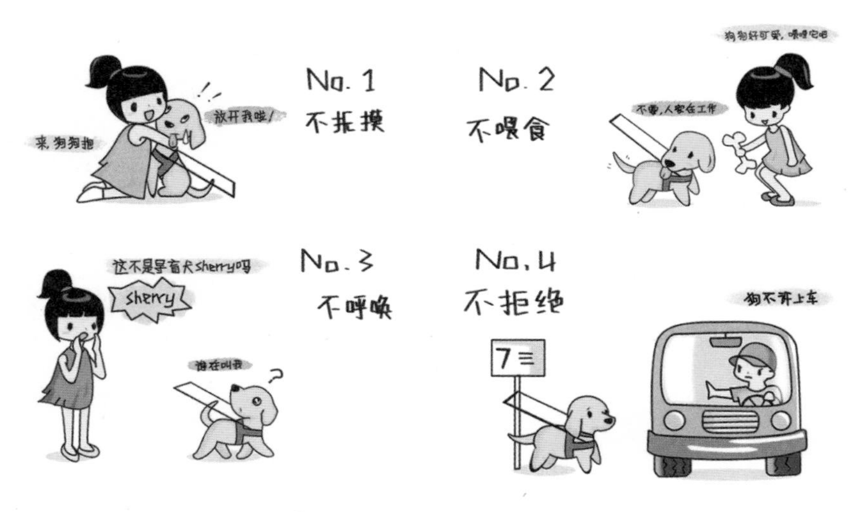

图 6–1–6　“四不一问”原则

不抚摸：导盲犬在工作时，不要擅自抚摸导盲犬。因为导盲犬面对突然的抚摸很有可能会分心，影响其正常工作。即使是在安全的停留状态下，也须在征求视力残疾人的意见后再抚摸导盲犬。

不呼唤：不要在导盲犬旁边发出尖锐的声音，也不要吼斥、呼叫导盲犬。因为犬的耳朵非常灵敏，呼唤会使犬在分心的同时也对其造成伤害。

不喂食：这一点非常重要。导盲犬每次戴上导盲鞍就处于工作状态。如果此时给导盲犬喂食，导盲犬就很容易将工作状态和生活状态混乱化，下次在路上导盲时可能被路上的食物和气味所诱惑而造成分心，而导盲犬的分心对视力残疾人来说是非常危险的。

不拒绝：请不要拒绝与导盲犬同乘一车、同处一室。导盲犬是视力残疾人的眼睛，它不会伤人也不会发出叫声，它只会乖乖地站或趴在视力残疾人的身边，请尊重导盲犬，不要拒绝视力残疾人和导盲犬。

一问：当你看到视力残疾人在公共场所犹豫、徘徊不前时，请主动询问其是否需要帮助。

提高对视力残疾人士的人文关怀，呼吁全社会共同关爱视力残疾人，让更多的视力残疾人携带导盲犬无障碍出行，尽量为导盲犬和视力残疾人士营造便利友好的氛围和环境，这是社会文明和进步的重要体现。

第二节　导盲犬的无障碍出行

对于视力残疾人这一特殊的群体，无障碍设施和无障碍环境建设是对视力残疾人人文关怀的一个重要体现。导盲犬是视力残疾人无障碍出行的重要方式之一，是帮助视力残疾人参与社会生活、改善视力残疾人生活质量的主要手段之一。因此加强社会大众对导盲犬的认识、了解和接纳度是对导盲犬人文关爱的重要表现（图 6–2–1）。

导盲犬是使用者的眼睛，正常的工作状态是贴近使用者身边并稍微领先一点，以便避免障碍物妨碍使用者行走。在所有的上下台阶前须停住，以此

图 6–2–1
高铁站的工作人员认真为使用者和导盲犬服务

预警，提示使用者小心台阶；当听到可能使使用者处于危险境地的指令时，应灵活地应对，比如：使用者命令穿过马路，但此时信号灯是红灯时或是路上有车辆通行时，这时导盲犬拒绝服从指令，直到危险解除为止，这样才能保障使用者出行安全。导盲犬还能够带领使用者乘坐公共交通工具（图 6-2-2），解决使用者的出行困难；同时，导盲犬还是视力残疾人的情感寄托，24 小时陪伴在视力残疾人的身边，是其他工具所无法比拟的。

图 6-2-2　导盲犬引领使用者乘坐交通工具出行

在许多国家和地区，免费使用导盲犬是视力残疾人的一项社会福利。国际上导盲犬的普及标准是盲人总人口的 1%拥有导盲犬。但目前我国导盲犬的数量仅为 180 余只，平均每 16 万视力残疾人才拥有 1 只导盲犬，远不能满足视力残疾人的现实需求。而且这仅有的 180 余只导盲犬有时还会遭到社会的无情拒绝。导盲犬珍妮曾被拒绝乘坐地铁 11 次。在发达国家，导盲犬被视为视力残疾人的眼睛、肢体的一部分，带领视力残疾人出入公共场所，极大程度上提高了视力残疾人的独立活动的能力。

在我国，导盲犬事业虽然起步较晚，但是国家颁布了《中华人民共和国残疾人保障法》和《无障碍环境建设条例》，为导盲犬出入公共场所提供了支撑，为导盲犬引领视力残疾人无障碍出行提供了法律上的保障。让社会大众及公共服务机构了解导盲犬、不拒绝导盲犬，加强导盲犬出行无障碍环境建设的国家政策和法律法规的制定和实施，均彰显了我国的社会发展和文明进步，标志着无障碍环境建设水平得到进一步提升，是全社会弘扬人道主义情怀和人文关爱的具体体现。

第三节　关爱导盲犬的相关法律法规

对动物表现出人文关爱的理念是建立在人类道德观之上。保护动物、善待动物是人类应当履行的责任，也是人类生存进步的基本要求，是实现人与自然和谐相处的基础。导盲犬作为工作犬和伴侣犬，在为人类服务的同时理应受到来自人类的关爱，保障导盲犬的基本福利，接纳导盲犬出入公共场所，乘坐公共交通工具。但是目前我国法律法规在导盲犬等工作犬的福利方面几乎处于空白状态。而且，目前导盲犬乘坐公共交通工具频繁遭拒，出入公共场所受到非议，不仅让视力残疾人又重新陷入了“寸步难行”的局面，而且也给导盲犬造成了心理阴影。这其中最重要的原因就是我国目前关于导盲犬出行的相关政策、法律法规方面的欠缺。

一、国内外立法现状

国外关于动物福利的立法相对比较完善，早在1822年英国就成立了世界上第一个动物福利组织“反虐待动物协会”，向公众宣传动物福利知识，防止对动物的虐待和不必要的伤害。而后其他西方国家纷纷出台了各种各样的法律法规，《动物福利法》《动物保护法》《反虐待动物法》等，以法律手段规范人的行为，对各类动物的福利进行法律上的认可和保护[125]。

导盲犬作为工作犬的一种，在西方国家早就单独针对导盲犬进行了立法。例如美国的《联邦政府残疾人法案》、澳大利亚的《反歧视残疾法令》《伴侣动物法令》等法律中均明确规定，视力残疾人可以携带导盲犬出入任何公共场所，乘坐任何公共交通工具，视力残疾人携带导盲犬享受和正常人一样的权利，甚至会受到更优厚的待遇，所有拒绝导盲犬的做法，均会承担法律责任，例如罚款、拘留甚至监禁。

日本作为亚洲成立导盲犬基地最早的国家，关于导盲犬的立法是亚洲最早，也是相对比较完善的。日本的《道路交通法》第十四条第一项明确规定，视力残疾人在道路上通行时，必须携带盲杖或者导盲犬。由此可见，导盲犬被视为视力残疾人出行必不可少的“工具”，就如同盲杖。日本的《身体障碍者辅助犬法》第八条规定，日本的公共交通事业经营者不可拒绝身体障碍者携带辅助犬入内。这也体现了日本立法的人性化，是我国关于导盲犬的立法值得借鉴与考量的[126]。

目前，国内关于动物保护的立法寥寥可数，更谈不上关于工作犬甚至导盲犬福利的保障。相对于国外门类较齐全的专门性立法，我国只有《野生动物保护法》《陆生野生动物保护实施条例》《水生野生动物保护实施条例》和《动物检疫法》等几部法律法规涉及该问题，其他的有关规定散见于《森林法》《渔业法》《海洋环境保护法》等之中，关于犬类的相关规定也只见于各个地区不一致的《养犬管理条例》中，尚未形成一个完整的体系。人们对于如何保护动物，以及保护动物的意义都缺乏整体的清晰印象，而且这些法律法规的立法目的受当时社会环境的制约，主要是从维护人类利益的角度出发，更多地规范了人类对动物资源的合理利用，而对动物本身的福利和待遇问题则规定得甚少。不仅关于导盲犬的动物福利不能以立法的形式加以保障，导盲犬的无障碍出行相关立法的出台也比较严峻。我国动物福利现状不容乐观，立法也相对滞后。为体现人类对动物的人文关怀，我国有必要建立起有中国特色的动物福利法律保护体系。

我国从 2004 年在大连医科大学王靖宇教授的带领下开始了导盲犬的培训与应用研究，2006 年培训出中国大陆第一只导盲犬“毛毛”。直到 2008 年北京奥运会期间才有了导盲犬立法的雏形。北京在 2008 年颁布了《北京市人民政府关于北京奥运会残奥会期间导盲犬使用和管理的通告》，该通告规定了 2008 年 7 月 20 日至 2008 年 9 月 20 日导盲犬可以在北京出行。该通告的主要目的是为了保障各国视力残疾人运动员、视力残疾人官员及视力残疾人观众的出行无障碍。奥运会结束后，该通告即失效。奥运会和残奥会让国人认识到导盲犬，开始关注导盲犬的出行问题。但由于当时国内并没有几只导盲犬在上岗服役，因此并未引起国家的重视。

随着越来越多的视力残疾人申请使用导盲犬，在携带导盲犬出行时遭遇越来越多的拒绝和不理解，为保障视力残疾人的出行无障碍，对《残疾人保障法》做出修订。《中华人民共和国残疾人保障法》2008年由中华人民共和国第十一届全国人民代表大会常务委员会第二次会议修订并通过：第七章第五十八条规定："盲人携带导盲犬出入公共场所，应当遵守国家有关规定。"并且2012年8月1日实施的《无障碍管理条例》第十六条规定："视力残疾人携带导盲犬出入公共场所，应当遵守国家有关规定，公共场所的工作人员应当按照国家有关规定提供无障碍服务。"但是从以上的规定中可以看出，对于导盲犬是否被允许进入公共场所的问题，以及"国家的有关规定"等问题，并没有统一明确的说明。据悉，我国视力残疾人的数量高达1623万人，选择公共交通是视力残疾人出行最常用的方式，是否允许导盲犬进入公共场所、乘坐公共交通工具的问题与这部分视力残疾人的自身的利益密切相关。

2010年世博会的召开，使上海成为我国第一个对导盲犬展示人文关爱的城市。世博会后，上海对《上海市养犬管理条例》进行了修改，增加了对导盲犬出行的规定。《上海市养犬管理条例》第二十三条规定犬只不得进入公共场所以及公共交通工具，盲人携带导盲犬的，不受本条规定的限制。该条例承认了导盲犬作为工作犬的特殊性，为导盲犬出入公共交通工具提供法律支持。上海地铁也张贴公告：宠物犬类不得进入地铁，工作犬除外。自此以后，越来越多的城市和地区相继修改"养犬管理条例"以及"动物防疫条例"，为导盲犬的无障碍出行提供法律依据。铁路、航空、公交车、银行、餐厅等公共交通工具和公共场所的相关规定中也开始出现"导盲犬除外"的字眼，越来越多的人认识到导盲犬与宠物犬的不同。

2018年7月3日，中国银行业协会在雄安发布了《银行无障碍环境建设标准》。在《银行无障碍环境建设标准》中明确表明，导盲犬被获准进入网点，根据建设要求，银行营业网点应当允许视力残疾客户携带导盲犬出入营业厅，应在营业大厅外张贴允许导盲犬进入的标志（图6-3-1）。此前，已经有部分网点悬挂了导盲犬允入标志，此次写入标准，将会使导盲犬无障碍通行更加通畅。

鉴于航空运输经常往来于各个国家的特殊性，早在1997年，国内还没有导盲犬时，中国民用航空总局就已经在《中国民用航空旅客、行李国际运输规则》中发布：导盲犬可以免费承运，并且可以随视力残疾人进入客舱，但是承运导盲犬需要首先征得承运人的同意。

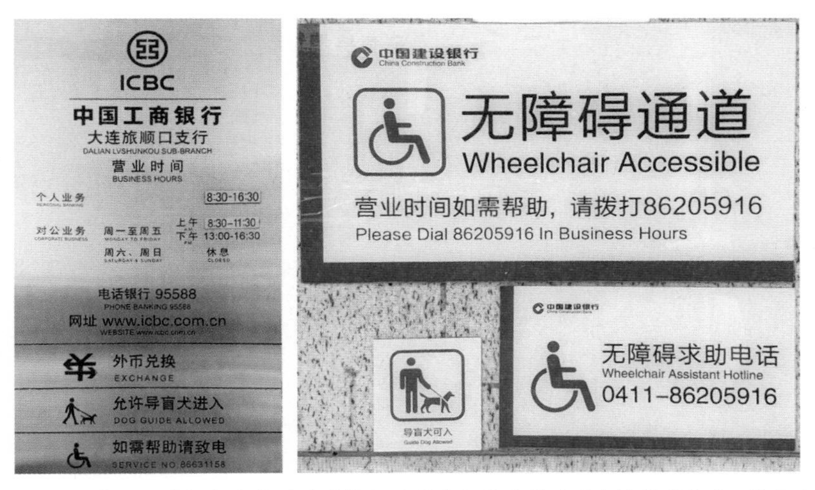

图 6-3-1　中国工商银行和中国建设银行的营业大厅外张贴“允许导盲犬出入”标识

中国铁路总公司办公厅、中国残疾人联合会办公厅于 2015 年 4 月 30 日颁布关于印发《视力残疾旅客携带导盲犬进站乘车若干规定（试行）》的通知（铁总办运〔2015〕60 号）：各铁路局，各铁路公安局，各省、自治区、直辖市残联，新疆生产建设兵团、黑龙江垦区残联：经中国铁路总公司、中国残疾人联合会同意，现发布《视力残疾旅客携带导盲犬进站乘车若干规定（试行）》，请认真贯彻执行。在该“规定”中明确规定了携带导盲犬乘坐铁路交通需要注意的问题及享受到的权利，体现了对视力残疾人及导盲犬的人文关怀。

为更好地推进视力残疾人携带导盲犬乘坐公交车，2017 年 1 月，北京无障碍促进中心组织召开视力残疾人携带导盲犬乘坐公交车促进会。会上市盲协及视力残疾人代表讲述了携带导盲犬乘坐公交车的需求和导盲犬驯养与工作情况。与会人员就如何“依法依规，提高为民服务质量、视力残疾人携带导盲犬顺利乘坐公交车”等相关问题进行了讨论，高度重视和完善管理，争取为导盲犬的无障碍出行提供更好的便利。

二、我国立法的必要性

首先，我国没有明确的有关导盲犬的管理标准。目前，我国关于动物保护相关的管理条例和法律法规较少，各个地方或城市的养犬管理条例也只是对宠物犬的管理有一定的要求。我国目前并没有关于导盲犬甚至是工作犬的相关立法，无法对工作犬的工作范围、服务对象、出行要求、饲养管理等施行统一的管理标准。

其次，我国没有明确的法律条文规定负责导盲犬管理的主要部门。目前我国涉及养犬管理标准相关的法律条例主要是各个城市的养犬管理条例，主要由公安部门负责。公安部门没有设立专门针对导盲犬的管理条例，因此在执法过程中不会对导盲犬行使特权。另外，视力残疾人作为导盲犬的使用者，保障其权利的主要负责部门是各地的残疾人联合会。残疾人联合会将保障导盲犬出行便利作为保障视力残疾人出行无障碍的权利必不可少的一部分，但是，其对导盲犬的管理权有限。视力残疾人想要维护导盲犬的出行权利时不知道找哪个部门能够受理。因此，导盲犬相关管理部门职责分工不明确成为阻碍导盲犬出行的重要原因之一。

再次，由于各个地区的差异性，不同地方相关规定及实施情况也不尽相同。视力残疾人携带导盲犬走到不同的地方还需要了解当地关于导盲犬出行的相关规定，这也为导盲犬的无障碍出行增加了一定的阻力。因此，出台关于规定导盲犬出入公共场所及乘坐公共交通工具的国家层面的法律法规刻不容缓。

另外，关于导盲犬的动物福利的制度几乎空白。关于动物福利认知方面，在我国，动物在社会价值取向中的认识是作为人的工具或者财产，对动物生命的认知有所偏差，这是东西方文化的差异，也是动物福利在我国难以被公众认可的原因。在法律方面，我国与动物相关的法律起步较晚，现行的法律中没有专门为动物福利制定的法律法规，只是在一些相关的法规中有部分体现[127]。目前，关于宠物犬的动物福利的相关制度也仅仅限于强制性进行动物免疫、禁止虐待动物等。与导盲犬息息相关的饮食、生活环境、工作环境、身体状况、医疗、卫生、运输、训练甚至是安乐死等相关的福利并没有明确的规定。但是，欧美国家关于动物福利的相关规定及立法涉及动物的方方面面，较为完善。因此，我国关于包括导盲犬在内的动物福利的相关制度规定有待完善，需要向相关国家学习。

最重要的是，现有的无论是养犬管理条例还是动物保护法中关于法律责任的限定都比较单一，处罚力度较轻。在国外，无论是对工作犬还是宠物，甚至是流浪动物都有相应的立法。对伤害动物的行为，一经发现就会处以高昂的罚款，严重的甚至会给予刑事处罚。但是，在我国对不善待动物的行为大多数是以道德舆论加以约束，在法律责任限定上的处罚形式大多是罚款、警告等，不足以引起社会大众的重视。对于拒绝导盲犬出入公共场所、乘坐公共交通工具的行为甚至没有相对应的处罚措施，这也让公众对导盲犬的接纳度无法提升。

第四节　增强公众关爱导盲犬的意识

一、宣传导盲犬相关知识

虽然导盲犬事业在中国大陆已有十多年的发展历程，但在全国服役的导盲犬还不足 200 只，导盲犬的稀缺性，导致绝大部分市民从来没有在街上见过导盲犬，更不知道导盲犬如何工作。因此也导致一些公共场所如餐馆、商店等不允许导盲犬进入。十几年来，随着无障碍设施和服务的大力推动，2012 年国务院通过《无障碍环境建设条例》，促使无障碍环境建设进一步加强，导盲犬也可以出入公共场所。但是社会大众对导盲犬是工作犬的认识不强，对导盲犬并不了解，即使赞同导盲犬出入也是站在道德层面的考量，并没有将导盲犬带领视力残疾人出行作为视力残疾人的一项基本权利。为了让视力残疾人可以无障碍出行，还需使社会大众了解导盲犬，关爱导盲犬，让全社会更加关心残疾人，更加爱护无障碍环境。

（一）政府的宣传

国家出台了一系列有关导盲犬的国家法律法规、国家标准为导盲犬保驾护航。在中国残联和各行业管理部门的共同推动下，相继制定了鼓励视力残疾人携带导盲犬出行、享受社会公共服务的规范，视力残疾人在导盲犬的引领下可以乘坐公交、地铁、火车、飞机等交通工具，进出部分公共场所。在国家落实有关导盲犬的法规政策及标准的同时，改善视力残疾人携带导盲犬出行的无障碍状况，推动导盲犬工作健康、有序、快速地发展。

国家虽然已推行导盲犬相关法律、国家标准等，但社会上仍有许多人不理解导盲犬的工作。所以在导盲犬的相关法律法规、国家规定的贯彻执行方面还需增强宣传力度。中国残疾人联合会、各地方残疾人联合会等政府机构通过保障视力残疾人的出行权利，加强对导盲犬的宣传力度，允许导盲犬出入公共场所，为导盲犬事业的发展奠定基础。

（二）导盲犬培训基地的宣传

培训基地通过各种方式对导盲犬进行相关宣传，如在官方网站上宣传和介绍导盲犬的基本知识，组织导盲犬相关知识的讲座，开展导盲犬的宣传活动和募捐活动。通过展板、导盲犬现场展示和有关知识问答等方式向公众宣传导盲犬的作用、培养过程及导盲犬的社会价值等方面的常识。另外，组织一些黑暗体验以及导盲犬体验活动：公众可以戴上眼罩从出发点绕过重重障碍到达指定的目的地，来感受视力残疾人日常生活中的种种不便；为了对比导盲犬的重要性，还会让一些人体验在导盲犬的带领下通过障碍物到达目的地（图 6-4-1）。这些活动加深了公众对导盲犬的了解和认识，有许多公众还会以购买导盲犬纪念品的方式捐款，赞助视力残疾人福利事业的发展。

组织开展导盲犬进入校园、公司等活动。企业是国家的经济命脉，学生

图 6-4-1
公众戴眼罩进行黑暗体验（左）及导盲犬体验（右）

是国家的希望、科学知识文化传统的传承人。导盲犬进校园活动可推动校园公益教育的深入开展，增强社会大众对导盲犬的了解，提高社会大众对视力残疾人的关注度。活动通过介绍导盲犬相关知识、与导盲犬互动、导盲犬技能展示和模拟视力残疾人过障碍等形式，让公众亲身体验和感受视力残疾人的真实生活和导盲犬的工作状态。通过参与活动，使公众熟悉导盲犬的日常训练及生活习性，提高对导盲犬的认知，加深对中国导盲犬事业的了解，体会导盲犬对于视力残疾人的重要价值。通过不同形式活动呼吁社会大众在遇到导盲犬和视力残疾人时，给予更多关注和帮助，并把这份爱和正能量传播到社会。

（三）新闻媒体的宣传

拍摄中国导盲犬至今为止的发展情况，发挥新闻媒体在关爱导盲犬活动中起到的宣传和推动作用。将导盲犬的宣传片在各大热门网站及电视台播放，以此大力宣传导盲犬，消除社会大众对导盲犬的误解，让全社会都能了解导盲犬，接受导盲犬。宣传的内容以视力残疾人的无障碍为核心，在宣传导盲犬的同时，宣传视力残疾人携带导盲犬出行是受法律保护的。

（四）使用者的呼吁

导盲犬的使用者虽然是视力残疾人士，但他们与其他公民有平等参加社会活动的权利，所以他们更应该为自己去争取属于自己的出行权利。导盲犬作为使用者的“眼睛”，引领视力残疾人安全出行，使用者应该以争取和宣传导盲犬合法权益为目标和初心，致力于宣传导盲犬的事业中，让更多的人了解并接纳导盲犬，真正实现出行无障碍。

（五）其他

导盲犬这项无障碍公益事业需要人们更多的努力去宣传和争取，需要全社会的理解关注和支持。而目前遇见最多的情况就是很多爱犬人士对导盲犬的工作和日常养训的干扰，他们会情不自禁地呼唤导盲犬甚至喂食。因此，关爱导盲犬事业任重而道远，需要更多的人一起前行。

二、提高对关爱导盲犬的认知

（一）承认导盲犬的社会价值，提高导盲犬的动物福利

导盲犬是经过培训用于帮助视力残疾人士正常出行、维持正常生活的训

练有素的工作犬。导盲犬不仅可以帮助视力残疾人士积极地面对生活、工作和学习，提高自信心，还是视力残疾人士的情感寄托。由于导盲犬的特殊性，在科学技术发达的今天，导盲犬依旧是电子导盲工具无法替代的。各个国家仍旧将培训导盲犬作为一项社会福利用于帮助视力残疾人。

目前，一只合格的导盲犬需要经过严格的训练、考核和淘汰制度。首先，在导盲犬幼犬出生后的45天左右就会被送往寄养家庭，养成良好的与人相处的习惯。到12个月左右时就开始了严格的训练和考核，考核全部通后才能交付于视力残疾人使用。目前国内正在上岗服役的导盲犬数量也仅有百余只，比我国珍稀物种大熊猫的数目还要少。

导盲犬放弃许多作为宠物犬的“享乐”，经历至少1年以上的严格训练，最终为视力残疾人服务，成为视力残疾人的眼睛。但是，近几年，国外关于导盲犬遭到主人虐待的新闻频频被爆出。国内关于导盲犬出入公共场所、乘坐公共交通工具被拒的事件时有发生。无论是身体上受到的伤害，还是在工作过程中受到的挫折，都可能会对导盲犬的生理和心理造成一定的伤害，这不符合导盲犬的生理福利。在道德约束的前提下，还需要立法保障导盲犬的动物福利。

导盲犬的身体健康状况是其为视力残疾人提供服务的前提，在工作犬的健康维护方面主要注重的是“以防为主，防重于治”的原则。导盲犬每年的定期体检是非常有必要的，便于使用者及时了解导盲犬的身体健康状况，做到“早发现，早治疗”。随着目前宠物行业的兴起，犬的全身体检已不是难事，但是全身体检的费用较高，对一些使用者是一项不小的负担。因此，呼吁政府相关部门能够免费为导盲犬的定期体检提供定点医疗机构，提高导盲犬的卫生福利，减轻使用者的负担。

目前，在国外已经建立较为完善的动物福利体系，并起到一定的效果，例如：为宠物甚至是流浪动物植入芯片，防止走失或被抛弃；为宠物买保险，避免犬在生病时支付昂贵的费用。这些都是我们可以借鉴的用于提高导盲犬福利的方法。

（二）维护良好的社会秩序，保障导盲犬无障碍出行

导盲犬作为工作犬和伴侣犬，切实地为视力残疾人带来便利。导盲犬出入公共场所不仅关乎使用者的出行便利问题还影响到公众的权利和义务。鉴于目前公众对导盲犬的认知度较低，国内有关导盲犬的立法欠缺导致携带导盲犬出入公共场所时遇到许多问题。

首先，在公众的认知上，犬伤人事件时有发生，让公众“谈犬色变”，再加上导盲犬的品种多选用拉布拉多和金毛两种，体型属于中大型犬，这也让公众降低了对导盲犬的信任度。这些都是因为公众将宠物犬和导盲犬混为一谈。因此，需要大力宣传导盲犬的相关知识，增强社会大众对导盲犬的认识和接纳度。首先需要公众认识到导盲犬的选种是非常严格的。导盲犬要求必须有完整的血统系谱，要求血统记录完整准确；祖上三代来源清楚；祖上三代以上没有攻击人的倾向；无遗传缺陷和身体疾病。目前为止，无论国内还是国外并没有发生一例导盲犬伤人事件。拉布拉多犬和金毛猎犬两个品种的犬种具有较好的亲和力，与人非常友好，容易被公众接受。

其次，在导盲犬的认定上存在一定的问题。我国的导盲犬事业起步较晚，发展时间短，没有统一的认定导盲犬是否合格的标准。在我国各个基地都有自己认定导盲犬的标准，这导致已经服役的导盲犬水平参差不齐。一只导盲犬出现问题就会影响全国公众对导盲犬的认识。在国外，是有专门的立法规定导盲犬的合格和服役的标准的，并且有其他机构的专业人员对本机构的毕业犬进行评判。在我国，2018 年 5 月，刚刚将导盲犬作为一项国家标准发布。这也对我国不同导盲犬培训机构做出了最基本的要求。《导盲犬》国家标准将在导盲犬行业发展中发挥引领作用，它的发布彰显了我国导盲犬事业发展更进一步，标志着无障碍环境建设水平得到进一步提升，是全社会弘扬人道主义情怀和人文关爱的具体体现。《导盲犬》国家标准的发布也会推动国家相关立法的出台，严格规定导盲犬的上岗标准。

再次，使用者在携带导盲犬出行享受权利的同时，也需要履行一定的义务。在出入公共场所或者乘坐公共交通工具时需要表明导盲犬的身份，例如：为导盲犬穿戴明显标识的马甲，或佩戴标牌；方便公众辨别，并配合导盲犬出入；主动提供相关证件证明导盲犬及本人的身份，方便服务人员及时提供相应的服务；及时清理导盲犬在公共场所的排泄物，不给公共场所带去负面影响；尽可能避开高峰期出行，避免因为空间不足引起的公众的反感，降低公众对导盲犬的排斥心理。因此，在立法中需要明确使用者及导盲犬出行的相应规范。

最重要的是公众的配合。在公共场所遇到导盲犬携带视力残疾人出行时，不得对导盲犬随意抚摸、喂食、拍打、逗引，干扰导盲犬的工作。在看到视力残疾人需要帮助时，尽可能地为其提供方便。在导盲犬出入公共场所、乘坐公共交通工具时，不要冷漠地拒绝，对导盲犬给予充分的理解和关怀。如果自身有对犬毛过敏的病史应及时向服务人员提出，方便为导盲犬选择合适的空间。由于携带导盲犬出行，在乘坐公共交通工具时所占据的空间相对较大，因此，政府应该监督为使用者及导盲犬提供无障碍空间，方便导盲犬的无障碍出行。

（三）提高社会大众的文明程度，维护我国国际形象

随着人们对导盲犬事业发展的关注度不断提高，导盲犬已经成为衡量一个国家的公益事业发展程度以及文明程度的重要指标。因此，导盲犬的培训与推广工作对我国的两个文明建设具有重大的现实意义。从2008年北京残奥会上中国导盲犬Lucky的亮相，到2010年上海世博会上中国导盲犬的展示（图6-4-2），全世界开始认识并关注到中国导盲犬，也向世界展示了我国助残的决心和行动，维护了我国的良好国际形象。

图6-4-2
导盲犬亮相2008年残奥会（左）及2010年上海世博会（右）

附　录

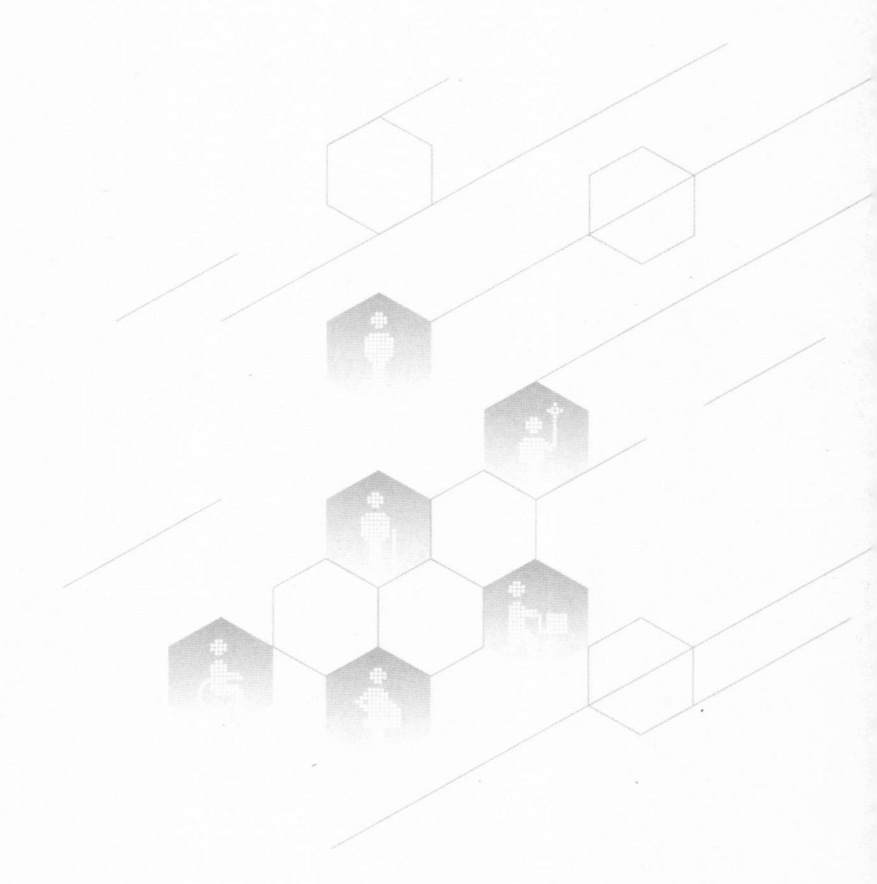

附录1　导盲犬使用者的感言

导盲犬，不仅在生活中给了我切实的帮助，减轻了朋友和家人的负担，而且也增强了自己独立出行的能力，同时也成为我最好的伙伴，让我面对生活更加乐观，体会到世界上更多的爱。

——江苏省常州市　按摩师　丁志强

有了导盲犬和和后，我的生活变得更加有意义。1999年因外伤导致眼睛失明，出行非常不方便，离家很近的超市自己去都不方便，真是很无奈。2013年5月和和来到我身边，这一切都改变了，它成了我的第二双眼睛。它能带我去超市购物，去市场买菜，去银行办业务，去学校接送孩子，它能带我去20多个地方，真是非常方便。我再也不用为出行而苦恼，它不仅能带我去我想去的地方，而且在路上也很安全，它会带我绕开障碍物 ，还会带我过马路，上电梯、坐公交车等都没有问题。妈妈年龄大了，她始终担心有一天她不能带我出行怎么办，可是有了和和后她再也不担心了。和和给我带来了方便与安全，使我的生活更有意义。

——天津市　按摩师　玛利亚

没有导盲犬之前，自己独立外出完全不能实现。最让我头痛的是每天的上下班，都需要求助家人、同事、出租车师傅、小区保安才能到达目的地。这样的上下班已经影响到正常的工作了，每天快下班时，总会在心里问自己：今天请谁帮我打车呢？每当那个时候，我是多么渴望能自己独立行走，不要给身边的好心人带来麻烦。可是家与学校的路程太遥远了，路况复杂，坐车需要一个多小时。就在这样的困难中，盼来了我的好伙伴导盲犬拉多。我和拉多经过几个月的磨合，我和它的默契越来越好了，我们不用说话就能明白对方在想什么。每天的上下班在拉多的帮助下都能独立完成。在上下班这条路上，拉多带我坐轻轨，带我坐校车，带我过马路，带我绕开障碍物以及拥挤的人群。这条上下班的路不再是让我苦恼的路，在这条路上有我和拉多的欢声笑语，有人们对拉多的赞美。有了拉多，我更深刻地了解了重庆人民对导盲犬工作的支持。有了拉多，我的生活变得更加丰富了，每天的梳毛和打扫卫生，成了必备的工作，而且这些工作让我也越来越有责任心了。拉多给我的生活带来了许多的乐趣，每天和它待在一起我总是开心的，每当遇到困难时，心情很糟糕的时候，只要看见拉多，那种不舒服的感觉就会慢慢远去。我相信在拉多的帮助下，我的工作和生活会越来越好。

——重庆市　教师　祝艳梅

小的时候由于生了一场病导致了我双目失明，眼前一片虚无，没有一丝光明，感觉生活很茫然。通过家人亲戚的引导帮助，让我又找到了生活的方向。渐渐地我搬家了，工作了，离开了学校和家人，走向社会，一系列的出行购物、逛街散步给我带来了意想不到的困扰。之前每次有事情都是靠亲朋好友带领，还要看他们有没有空。后来我学会了用盲杖，出去感觉也不是很理想，磕磕碰碰是难免的，有时候还找不到目的地，最主要的是还遭受很多不理解残疾人的人们的不屑歧视。现在这些都不存在了，自从我有了导盲犬，想去哪就去哪，出行基本上不再有磕磕碰碰，也不会出现找不到地方，使我的生活又迎来了光明。我相信有了导盲犬三好的陪伴，工作和生活都会越走路越宽。

——浙江省杭州市　国家运动员　蔡常贵

自从Kathy来到我们家，给我们的生活增添了不少乐趣，使我的生活更加充实，让我的出行更加便利。现在去海边散步、给家里买早餐、帮媳妇去买菜、去学校接孩子放学，已经不是一种梦想了！虽然导盲犬Kathy来到我们家才半个月，可是，给我带来的方便是以前没法想象的，这一切都要归功于大连导盲犬培训基地的各位领导和训导员老师们，是你们辛勤的付出换来了我们无穷的便利，让我们又可以大胆地走出家门，呼吸那外面的新鲜空气。我爱我这双“心的眼睛”！！！

——山东省青岛市　按摩师　姜录刚

导盲犬ECO改变了我们的人生轨迹。我三岁的时候患了视网膜色素变性，永远地失去了光明，那时的我非常痛苦，眼前一片漆黑。我根本就不知道自己当下所处的位置和方向，内心充满了不安与无奈，连最起码的玩耍都需要别人的帮助，就更谈不上生活能够自理了。我一直渴望自己能单独行动，让我的生活真正无障碍，晒太阳这样的小事不再是奢侈，让我也能感受到大自然的恩赐，聆听潺潺的流水声和清脆的鸟鸣音不再是睡不醒的梦。2007年我听了轰动亚洲的电影《导盲犬小Q》，我的内心开始沸腾了，我的渴望似乎要梦想成真了，我多么希望自己也有一只杜边先生那样的导盲犬。我的这个梦又做了七年，2014年3月我的梦终于醒了，是中国导盲犬大连培训基地叫醒了我，当时感受到的只有幸福和快乐。4月5日认识了我的“女儿”ECO，它是一只黄金拉拉犬，身高0.6米，体长1米，体重是32千克。7月8日是ECO来兰州的第三个月。4月5日开始接触导盲犬，从刚开始的担心和害怕，到后来的喜欢和信任，发展到现在的完全信任和绝对离不开，我和ECO之间的默契有着很大的变化。ECO引领我安全地行走在大街小巷里，我感受到的是信任、自由和尊严，去商场购物让我感受到了方便和幸福。旅游对曾经的我们只是梦想，但我们家有了宝贝“女儿”ECO后可就大不同从前了！想去哪都很随便了，原来只是想一想，现在什么青海湖、茶卡盐湖、嘉峪关城楼、昆明民族村等都不是问题了，因为我们家有一双忠诚的新眼睛。我们以前没有养过狗，我和爸爸都很怕狗，也看不惯把狗当成孩子的人，但现在的我们接受不了狗狗所受的委屈，更接受不了对ECO的不公平对待。我是导盲犬的受益者，我们的家庭是导盲犬的受益家庭，ECO给我们的生活带来的是方便，ECO给我们的老人带去的是无言的感动，ECO给我们的同事带去的是欢声和笑语。从前我们觉得有生意做，自己也有房子住，认为这一生就很平淡地过下去了，可是没有想到我们真的有了一只属于自己的导盲犬。在中国的导盲犬普及率是十万分之一，我们是幸运的，就像中了500万大奖。受益于导盲犬基地的如此大恩，我们又有了一个新工作——宣传导盲犬。按摩是为了维持生计，第二职业是宣传导盲犬公益事业，为残障者争取权益，普及导盲犬知识，使更多的人了解导盲犬，并向导盲犬基地伸出爱的双手，能使更多的视力残疾人士使用上导盲犬，期待最美的组合常态化出行。感谢导盲犬之父王靖宇先生和各位训导员老师！天使走在我的左侧，我就有了放心出行的勇气！我们将把你们的爱心永远传递下去！

——甘肃省兰州市　按摩师　李红颜

初次听说导盲犬就感觉很奇怪，狗怎么能带路呢？于是抱着试一试的心理申请了导盲犬。提交申请书两年之后，我就得到了导盲犬，实现了我的梦想。没有导盲犬之前我靠盲杖走路，但是经常被高空障碍困扰，比如树枝、晾衣服的绳子、电线杆的拉线和大卡车的屁股等。有了导盲犬之后，这个问题解决了，可谁知道出入公共场所又成了问题，公交车不让坐、宾馆不让住、电影院进不去，这些问题啥时候才能解决啊！希望大家对导盲犬多多支持！

——山西省左权县　盲人乐团　刘红权

导盲犬贝娜就是我出行的眼睛。视力残疾人面临的最大难题，莫过于出行。出行之难，难于上青天。作为我这样一个“昨日眼明今日瞽”的视力残疾人来说，对此更有切身的体会。曾经的我喜欢运动，喜好郊游。但这种天下任我行的日子在1999年因我的视网膜脱落导致失明戛然而止。每次出门都需要有人带路，父母日益年老，以后出行谁能来带我呢？心中时常涌起焦虑，这种情绪一直延续到导盲犬贝娜的出现。贝娜，是一只比它名字还要漂亮的纯种拉布拉多犬。毛呈金黄色，摸上去有丝绸般的质感。它性情温顺，体态丰满。每当有人对我说，贝娜养得真好，就是胖了些。我就笑着答，“我家贝娜是从大唐而来的美女啊”，而且大家都说贝娜还是双眼皮美女。贝娜的导盲技术是毋庸置疑的，因为它毕业于大陆地区唯一的中国导盲犬大连培训基地。我与它见面时，它已经三岁半，我走得比较慢，而它恰恰是几条考试合格导盲犬中走得最慢的。冥冥中的注定，默默地守候和我有约的缘分。今年4月4日至5月6日，我和贝娜在大连一起生活、共同训练，虽然刚开始时，它也故意给我制造很多小麻烦，但我慢慢用耐心收服它，用细心感化它，最终成绩合格，它正式成为我的导盲犬。来无锡后，只要天不下雨，我们就出门走走，不断地磨合后，有了更多的默契。我适应了贝娜稳健的步伐，贝娜也适应了我舒缓生活的节奏。无锡是个好地方，处处充满温情。6月1日贝娜带我顺利乘上公交车，7月1日又带我坐上了当天刚刚开通的地铁一号线。我们还一起去古镇触摸沧桑，去茶楼品味风雅。所到之处，最常听见的是悦耳的拍照声，通过贝娜明亮的眼睛，人们的笑脸全印在我的心里。暑去秋来，无锡城的桂花悄悄绽放，空气中弥漫着沁人心脾的香味。转眼间，我和贝娜已走过了半年的时光。一天，贝娜带着我走在去工作室的路上，耳边传来一个清脆的童声："妈妈，这个叔叔又不像盲人，怎么牵着只导盲犬呢？"我有些想笑，心里说："小朋友，我不像盲人，谁像盲人？我可是如假包换的盲人啊！"后来一想，我和贝娜，如影随形，在无锡这颗太湖明珠的璀璨里，不断拓展着自己活动的半径。我有了贝娜，就有了出行的眼睛。能自由自在出行的盲人，还真的有些不像盲人。想着想着，桂花般淡淡的甜味在心中慢慢荡漾开来。

——江苏省无锡市　楹联创作　蒋东永

导盲犬可乐来到我身边后，使我的出行方便、自主，不用麻烦别人，生活中有了忠实的伴侣，让生活更加丰富多彩。因为使用导盲犬出行，还能够让更多的健全人体会到盲人的生活，让更多的人认识到盲人生活的状态，也让盲人更加有自信，并通过导盲犬能更好地融入社会。

——天津市　国家运动员　杨博尊

我是2013年7月6日把我的"眼睛"导盲犬子龙带回家的。在这之前，我行走都是用盲杖和人的带领来完成的。那时候，碰撞对我来说都是家常便饭。由于我和我男朋友都是盲人，我男朋友在阳光下就无法看清楚路上的台阶和障碍物，以至于有时候我们两个走路会从台阶上掉下来，如果下雨那么情况就更糟糕了，因为看不清楚路面与水坑的区别经常会踩到水里造成裤子和鞋子全部湿透。自从有了我的"眼睛"子龙，我的生活不一样了！从出行上讲，我现在可以独立完成出行。家里人对我出门也越来越放心了，我经常挂在嘴边的话就是"放心有子龙呢！"子龙甚至于可以帮助到我们两个人！如果是晴天阳光非常明媚的时候我和我男朋友出门，我和子龙在前面走我男朋友在后面跟着，发现我们停下了我男朋友就会注意前面是否发现台阶或不可通过的障碍物了。现在，北京地铁允许导盲犬乘坐了，对于我们来说非常方便，去很多的地方都可以说走就走了！子龙对我来说，不仅是我的眼睛也是我心灵的陪伴，是我不可或缺的家人。我原来性格比较急躁，自从有了子龙，我身边的人都说我温和了很多！对于我自己，我觉得也自信很多！每天都觉得快乐而又富有活力！感谢王靖宇教授和导盲犬基地的老师们，让我拥有了一个光明天使！让我每天拥有陪伴和精彩！现在，导盲犬可以乘坐火车、飞机、地铁这些公共交通工具了，让我拥有了想走就走的旅行。我要和子龙行走到更多的地方，去享受更多的精彩！

——北京市 按摩师 吴文昊

感谢有您——中国导盲犬之父王靖宇教授及您的训导团队，感谢训导成才的导盲犬visa，让它做了我的眼睛。在没有visa之前，独自一个人走路的时候，我曾时常让商家设立在人行道上的隔离锥或绳索绊倒，时常误把落地玻璃窗当作大门一头撞上去，额头也起了血包，也曾时常从几阶台阶滑下来，搞得很尴尬和狼狈。领回visa之后，这些尴尬不再上演，走路时候因为有visa的带领也格外被关注，并得到路人帮助。visa成了我家庭中缺一不可的成员，带来的乐趣无限。我爱visa，更爱王靖宇教授及他的训导团队，感谢你们给我带来了第二次光明！

——辽宁省大连市 盲协主席 杜青

以前只是听说国外有导盲犬，但是中国没有，我非常渴望能有一只导盲犬。王靖宇教授带领他的团队实现了我的愿望，我是在2006年6月10日从导盲犬基地领回的导盲犬，它的名字叫贝贝，是个男孩。以前出门都是有家人或是朋友领着才能出去，但是有了贝贝以后我的行动就方便多了，每当我想出去走走，或是想去朋友家串门，或是要去市场买东西，都是由贝贝领着我去，想什么时候出去就什么时候出去，不用再考虑出门的不方便了。贝贝是个非常聪明可爱的孩子，每次出门我都跟它说要去什么地方，它心领神会，不需要反复跟它讲。走在路上，我跟它说话、聊天。贝贝非常敬业地领我走路从不马虎，非常认真。贝贝给我带来很多快乐，它是我的眼睛，是我的家人，是我的孩子。它给我的生活带来很多方便和快乐，我寂寞的时候它能陪我聊天，我烦恼时它能陪我出去走走，早晨领我去爬山，傍晚它陪我去散步，给我的生活带来无穷的乐趣，使我的生活充满阳光。现在贝贝已经陪我度过了七年，这七年给我留下很深刻的记忆，也是我毕生最难忘的。导盲犬给我带来这么多的快乐，首先，要感谢王靖宇教授，是他创办了导盲犬基地，能为我们盲人提供一双眼睛，能为我们出行带来方便，使我们能更多地参加一些社会活动，让我们盲人增强服务社会、参与社会活动的信心，让我们有勇气做我们自己。其次，也要感谢所有的训导员，是你们付出了青春，培养出那么多优秀的导盲犬，来为我们盲人服务，你们不管刮风下雨，不管酷暑严寒，用汗水泪水培训出这些出色的导盲犬，给了我们盲人一双自由行动的眼睛，只用一句感谢是不足以表达我们的心情的。我只能用我发自内心的祝愿，祝愿你们这些善良的人，能天天平安健康，快乐幸福，好人一生平安。

——辽宁省大连市　退役运动员　王晓军

狗狗，多么简单的名字，然而它却是我生命中的全部。有多少人可以读懂那黑夜的黑？有多少人可曾了解，有那么一群人，他们渴望着光明，他们正在努力地追寻着自己的梦想？如今，伴随着自己的狗儿，我好似出笼的小鸟一样，在这人世间，自由地欢唱，那种如获大赦一般的心境，不是用语言可以表达的。衷心感谢大连导盲犬基地的王靖宇教授和全体工作人员，训练出这么多为盲人使用的导盲犬，你们辛苦了！！

——北京市　翻译　苏博

作为一个刚领到导盲犬不到一个月，而且训练成绩也不是很好的使用者，我的确还没有什么使用经验可谈。然而不容否认，土豆（我的导盲犬名）给我的生活，乃至今后的人生都将会带来翻天覆地的改变。之前，我是一个很享受自我的人，不喜也不善与过多的人交往，被人关注。而由于土豆的到来，我自然成为周围人群的焦点，迫使我学着去应对，一点点地突破了残疾所强加于心灵的桎梏，从而迈出了融入社会的一大步。我觉得这一点非常重要，因为所谓的融入社会，绝不仅仅是形式上的，更应该是心理上的。虽然由于时间尚短，土豆还未能完全带我走出去，去到所有我想去的地方，但是，相信随着时间的继续，它认知的路会越来越多，会带我越走越远。所有见过土豆的人们，都喜爱它的聪明伶俐，善解人意，更惊叹于它的训练有素，尽职尽责。为着这样一只优秀的导盲犬，能够参与到我的生命中，我从内心深处感谢大连导盲犬基地，感谢各位领导和老师，是你们通过土豆，使我的人生从此不同。还有很长的路，需要我和土豆一起去走，它不仅是我行路时的眼睛，更会是我最忠实的朋友、最贴心的伙伴。我们会一路同行，越走越好的。

——北京市 盲人出版社 张朝华

附录 2　视力残疾分级

级　别	视力、视野
一级	无光感 ~ < 0.02；或视野半径小于 5°
二级	0.02 ~ < 0.05；或视野半径小于 10°
三级	0.05 ~ < 0.1
四级	0.1 ~ < 0.3

附录3 美国自20世纪40年代至20世纪末期间成立的导盲犬组织

成立年份	机构名称
1939	Leader Dogs for the Blind
1942	Guide Dogs for the Blind
1946	Guide Dog Foundation for the Blind
1948	International Guiding Eyes（Guide Dogs of America）
1950	Pilot Dogs
1952	Eye Dog Foundation for the Blind
1956	Guiding Eyes for the Blind
1960	Fidelco Guide Dog Foundation
1982	Southeastern Guide Dogs
1989	Guide Dogs of Texas
1990	Kansas Specialty Dog Service
1992	Freedom Guide Dogs for the Blind
1995	Guide Dogs for the Blind（second campus）

附录 4 IGDF 成员

洲	国家 / 地区	机　构　名　称
亚洲	中国香港	Hong Kong Guide Dogs Association Hong Kong Seeing Eye Dog Services
	中国台湾	Taiwan Guide Dog Association Huikuang Guide Dog Foundation Taiwan
	日本	Chubu Guide Dogs for the Blind Association Guide Dog and Service Dog and Hearing Dog Association of Japan Hokkaido Guide Dogs for the Blind Association Hyogo Guide Dogs for the Blind Association Japan Guide Dog Association Kansai Guide Dogs for the Blind Association Kyushu Guide Dog Association Nippon Lighthouse Guide Dog Training Centre East Japan Guide Dog Association
	韩国	Samsung Guide Dog School
	以色列	Israel Guide Dog Centre for the Blind
欧洲	奥地利	lztaler REHA–Hundeschule Gerstmann Osterreichische Schule f ü r Blindenfuhrhunde
	比利时	Blindengeleidehondenschool Genk Entrevues asbl Guide Dog Mobility Oeuvre Fédérale Les Amis des Aveugles et Malvoyants Scale Dogs ASBL The Belgian Centre for Guide Dogs
	保加利亚	Eyes of Four Paws Foundation
	克罗地亚	The Rehabilitation Centre Silver
	捷克	Czech Guide Dog School Mathilda Guide Dogs Milan Dvorak–Skola Pro Vycvik Vodicich psu pro nevidome
	芬兰	Näkövammaisten Keskusliitto ryn NouHaun Opaskoirapalvelu

续表

洲	国家 / 地区	机构名称
欧洲	法国	Association des Chiens Guides du Grand Est Chiens Guides d'Aveugles–Centres Paul Corteville Association Chiens Guides d'Aveugles Grand Sud Ouest Les Chiens Guides d'Aveugles d'Ile de France Ecole de Chiens Guides Centre Alienor Ecole de Chiens Guides pour Aveugles et Malvoyants de Paris et de la Region Parisienne Association de Chiens–Guides d'Aveugles de Lyon et du Centre Est Les Chiens Guides d'Aveugles du Centre Ouest Les Chiens Guides d'Aveugles de L'Ouest Ecole M é diterran é enne de Chiens–Guides d'Aveugles (EMCGA) Les Chiens Guides d'Aveugles de Provence Côte d'Azur Corse Fondation Frederic Gaillanne
	德国	Blindenführhundschule Guide Dogs Gr ü nberger Blindenführhundschule Gunter Boldhaus Blindenführhundschule Katharina Richter Blindenführhundschule Seitle BMS Blindenführhundschule Maik Schubert Stiftung Deutsche Schule für Blindenf ü hrhunde
	匈牙利	Barathegyi Guide Dog and Service Dog School Foundation
	爱尔兰	Irish Guide Dogs for the Blind
	意大利	Scuola Nazionale Cani Guida per Ciechi Servizio Cani Guida Dei Lions
	荷兰	Geleidehondenschool Herman Jansen BV KNGF Geleidehonden Gaus Geleide & Hulphondenschool
	挪威	Hundeskolen Veiviseren Lions Forerhundskole OG Mobilitetsenter Norges Blindeforbunds Forerhundskole
	波兰	Labrador Guide Dog Foundation
	葡萄牙	Associacao Beira Aguieira de Apoio ao Deficiente Visual
	俄罗斯	Dogs as Assistants for Disabled People
	斯洛伐克	Guide and Assistance Dog Training School
	斯洛文尼亚	Slovenian Instructors Association–Centre for guide dogs and assistant dogs SLO–CANIS
	西班牙	Fundación ONCE del Perro–Guía
	瑞士	Fondation Romande Pour Chiens Guides d'Aveugles Stiftung Ostschweizerische Blindenf ü hrhundeschule Stiftung Schweizerische Schule für Blindenführhunde Verein für Blindenhunde und Mobilitatshilfen

续表

洲	国家 / 地区	机　构　名　称
欧洲	英国	Guide Dogs for the Blind Association The Seeing Dogs Alliance
非洲	南非	South African Guide Dogs Association for the Blind
北美洲	加拿大	British Columbia Guide Dog Services Canadian Guide Dogs for the Blind Dogs with Wings Assistance Dog Society Dogs Guide Canada, Lions Foundation The Mira Foundation Inc
	美国	America's VetDogs–the Veteran's K–9 Corps (an affiliate of and managed by the Guide Dog Foundation for the Blind) Fidelco Guide Dog Foundation Inc Freedom Guide Dogs for the Blind Inc Guide Dog Foundation for the Blind Guide Dogs for the Blind Inc Guide Dogs of America Guide Dogs of Texas Inc Guide Dogs of the Desert Guiding Eyes for the Blind Leader Dogs for the Blind OccuPaws Guide Dog Association Pilot Dogs Southeastern Guide Dogs Inc The Seeing Eye Inc
南美洲	巴西	Helen Keller Guide Dog School
大洋洲	澳大利亚	VisAbility Ltd–Guide Dogs WA and Guide Dogs Tasmania Guide Dogs NSW/ACT Guide Dogs SA/NT Guide Dogs Queensland Guide Dogs Victoria Royal Society for the Blind Vision Australia
	新西兰	Blind Foundation–Guide Dogs

附录5　ADI的一些大事记

年 度	地　　点	内　　容
1985	美国加利福尼亚州旧金山	第一届助听犬研讨会。
1986	美国马萨诸塞州波士顿	第二届助听犬研讨会。目标：建立美国助听犬协会。
1987	美国加利福尼亚州丹佛市	“Assistance Dogs international”这一名称被正式采纳。主要的讨论集中在项圈和皮带上。最终决定用一条橙色的皮带和一个黄色条纹的项圈，上面绣着黑色字母的“hearing dog”。
1988	美国加利福尼亚州圣罗莎	ADI 在俄勒冈州注册成立，并与三角洲协会合作，举行联席会议。
1992	加拿大蒙特利尔	ADI 商标和手册完成。通过 ADI 成员训练伦理标准。讨论成立伦理委员会。
1995	美国内华达州拉斯维加斯	辅助犬公共准入测试通过。
2004	加拿大温哥华	首次讨论改变 ADI 的组织结构，使其真正国际化。同意正式接洽欧洲辅助犬组织（ADEu）商讨加入事宜。
2006	美国加利福尼亚州圣地亚哥	制定新的 ADI 章程，为 ADI 的国际化做准备。
2007	美国马里兰州巴尔的摩	新修订章程同意将 ADI 和 ADEu 合并成一个新的组织。设立区域分会和选举一个代表国际会员国的理事会。同意 2008 年后每两年举行一次国际会议。
2008	英国伦敦	第一次在北美洲以外举行会议。与国际导盲犬联盟（IGDF）举行连续会议（back-to-back conference），450 名代表发言。
2010	加拿大多伦多	各成员同意对细则做一些小的改动，包括电子邮件投票的能力，但须经过协商。
2012	西班牙巴塞罗那	ADI 在非英语国家举行的第一次会议。ANZAD 成为 ADI 的一个正式章节。

附录6　EGDF的部分成员

国　家	导盲犬组织名称
比利时	Belgian Centre for Guide Dogs Guide Dog School Genk I See Foundation
保加利亚	Bulgarian School for Guide and Assistance Dogs
克罗地亚	Croatian Guide Dog and Mobility Association
捷克	Mathilda Guide Dogs
爱沙尼亚	Assistance Dog Centre
芬兰	Finnish Federation of Guide Dog Users
法国	French Federation of Guide Dog Associations National Association of Masters of Guide Dogs for the Blind
德国	Blindenf ü hrhundschule Gunter Boldhaus BMS Guide Dog School Maik Schubert Registered Association for the Blind and Partially Sighted Guide Dogs Grunberger Ray of Hope，Registered Society
希腊	Lara Guide Dog School
匈牙利	Barathegyi Guide Dog School and Relief Foundation
爱尔兰	Irish Dogs for the Disabled
意大利	Italian Union of the Blind and Partially Sighted
马耳他	Malta Guide Dog Foundation
荷兰	Bulters & Mekke Guide Dog Training Ans L'AbeeOogvereniging Nederland Dutch Association of Guide Dog Users
罗马尼亚	Foundation Light into Europe
塞尔维亚	The Associations Union of the Blind and Visually Impaired of Serbia

续表

国 家	导盲犬组织名称
斯洛文尼亚	Assistance Dogs Matjaz Zanut、Centre for Guide Dogs and Assistance Dogs
西班牙	Association of Guide Dog Users of Catalunya、Guide Dog Foundation ONCE
瑞典	Swedish Association for the Visually Impaired Swedish Federation of Guide Dog Users
瑞士	Independent Guide Dog Society/School
土耳其	Independent Guide Dog Society/School
英国	Circle of Guide Dog Owners Guide Dogs for the Blind Association National Federation of the Blind of the UK

附录7　日本导盲犬机构

成立年份	协　会　名　称
1967	日本导盲犬协会
1970	中部导盲犬协会
1970	北海道导盲犬协会
1970	light house
1971	eyemate 协会（原东京导盲犬协会）
1974	东日本导盲犬协会
1980	关西导盲犬协会
1983	九州导盲犬协会
1990	兵库导盲犬协会
2002	日本辅助犬协会
2013	全国导盲犬协会

附录8　DA测试

测试项目	行为变量	1	2	3	4	5
社会接触测试	1. 问候反应	拒绝问候	不愿问候	允许	愿意问候	热情问候
	2. 合作	拒绝牵引	不愿随陌生人走	随陌生人走	愿意随陌生人走	很愿意随陌生人走
	3. 触摸反应	拒绝身体接触	不愿意接触	允许接触	愿意接触	热情的社交行为
游戏1	4. 游戏1玩耍	不玩	不玩，表现出兴趣	玩，开始缓慢后变得活跃	起跑积极，起跑快	启动非常快，非常积极地玩
	5. 游戏1抓取	不抓取	不愿抓取，嗅闻	犹豫不决地或仅用门牙抓取东西	直接抓取	喜欢你抓取，运动中抓住物体
	6. 拔河	不玩	小心地抓，不拔	玩，有拉拽	喜欢玩拔河，主动拉拽	非常喜欢拔河，犬疯狂地摇动头部和身体，直至陌生人松手
追逐测试	7. 追逐1	不追逐逃离的物体	看见物体后犹豫3~5秒，追逐逃离的物体	看见物体1~3秒后做出反应，追逐速度较慢，或追几步就停止继续追逐，甚至返回主人处	看见物体后立即做出反应，快速追逐物体并持续追逐	在看见物体的时候立即做出反应，并高速追着跑
	8. 抓取1	不抓取物体	追逐物体，犹豫着有趋势碰触物体，但未碰触	追逐物体的同时，偶尔碰触几下物体	追逐物体走几步后立即抓取物体或咬住	立即并热情地抓取并且拿住物体至少3s，甚至带着绳子咬住回去找主人
	9. 追逐2	不追逐逃离的物体	看见物体后犹豫3~5秒，追逐逃离的物体	看见物体1~3秒后做出反应，追逐速度较慢，或追几步就停止继续追逐，甚至返回主人处	看见物体后立即做出反应，快速追逐物体并持续追逐	在看见物体的时候立即做出反应，并高速追着跑

续表

测试项目	行为变量	1	2	3	4	5
追逐测试	10. 抓取 2	不抓取物体	追逐物体，犹豫着有趋势碰触物体，但未碰触	追逐物体的同时，偶尔碰触几下物体	追逐物体走几步后立即抓取物体或咬住	立即并热情地抓取并且拿住物体至少 3 秒，甚至带着绳子咬住回去找主人
被动测试	11. 被动情境活动	稳定	不稳定，也不活跃	活跃	比较活跃	特别活跃
距离游戏	12. 兴趣	对实验人员不感兴趣	偶尔看向实验人员，但没有离开主人的趋势	一直盯着实验人员看，但不挣脱狗链	一直盯着实验人员看，慢慢地向前走，链子被拉紧，但未挣脱	反复地试图向实验人员处跑
	13. 攻击行为	没有攻击或威胁的迹象	出现攻击或威胁的迹象，但不明显	出现一种攻击或威胁行为	出现两种或三种攻击或威胁行为	在实验人员对其恐吓和邀请阶段，直接冲实验人员展开威胁（咆哮、吠叫、颈毛竖起、尾巴竖起等）
	14. 探索行为	不接近实验人员，停留在主人身边不动	迟疑着接近实验人员，回头看主人；跑向实验人员后立即撤回或跑向别处	缓慢移动接近实验人员	立即跑向实验人员并嗅闻	立即快跑接近并嗅闻实验人员，即便实验人员是冷漠的，热情问候
	15. 拔河	不玩拔河	望着实验人员，犹豫 3—10 秒后玩拔河，但热情不高	立即尝试玩耍，持续时间短暂	立即尝试玩耍，实验人员拉扯，犬便不继续玩，或者自己咬碎布	立即尝试玩耍，热情地拉扯，甚至在实验人员冷漠的时候
	16. 游戏邀请	对实验人员不感兴趣	望着实验人员，实验人员不理即离开	望着实验人员，在其周围转圈	与实验人员有身体接触，邀请实验人员玩	狗急切地邀请实验人员玩即便实验人员不理它
突然出现测试	17. 惊吓反应	突然后撤、立即逃跑、跳跃大于 5 米	犬一惊，犹豫后退，身体紧张或在周围徘徊后后撤	犬一惊，原地观察或原地徘徊，身体僵硬，稍紧张，头尾几乎无摇动	犬一愣，然后，原地徘徊或原地观察，身体较为放松，头和尾有摇动	犬一愣，接着便奔物品跑去
	18. 攻击行为	没有任何攻击行为，很放松	攻击行为不明显	攻击行为，有呲牙，吠叫	大声吠叫	上前扑咬
	19. 探索行为	在主人引导帮助下，也不接近物体，压力明显（出现嗥叫、逃跑等）	在主人引导帮助下，也不接近物体，压力不明显	在主人帮助引导下，缓慢、犹豫（一般在 3 秒后）试探地接近物体	立即（一般在 3 秒内）快速接近物体或者到物体周围探索	接近物品，无需帮助

续表

测试项目	行为变量	1	2	3	4	5
突然出现测试	20. 躲避行为	不敢接近物体，明显逃避行为，主人帮助后，仍不敢接近。较紧张，头尾无摇动	不敢接近物体，在主人帮助下才缓慢试探接近，绕开动作明显	缓慢走向物体，走近物体时，改变行走方向，与物体保持距离	没有逃避行为迹象，很放松，走近物体后，步伐速度变慢	没有逃避行为迹象，身体放松，头尾有摇动。走向物体的速度始终正常
	21. 接近行为	不接近也不看物品，对物品没兴趣，主人帮助引导下也不接近，几乎不看物品	不接近也不看物品，在主人帮助引导下接近物品，偶尔看物品	犹豫着、试探着靠近物品，偶尔看物品	主动接近物品，盯着物品看，但无抓取或玩耍动作	主动接近并抓取或者玩耍物品，无需帮助
金属响声	22. 惊吓反应	听见声源后，静止，逃跑。	步速变慢，尾巴下垂，有后撤动作或远离声源	步速减慢，缓慢接近声源，但保持距离或原地不动	短暂迟疑，然后继续向声源方向探索	无视声音存在，以原来的步态与步速，向声源地探索或走路方向偏向声源地
	23. 探索行为	立刻远离声源	逐渐远离声源，即使主人帮助也不接近声源	不远离也不接近声源，保持一定距离，主人鼓励帮助后逐渐接近声源	犹豫着接近声源，无需主人帮助	立即接近金属声源，无需主人帮助
	24. 逃避行为	明显逃避行为，主人帮助鼓励，还是逃避	改变方向，欲逃避，与声源地保持一定距离或迅速跑离声源地	走路犹豫，速度放慢	稍微受拘束，不影响走路	没有逃避行为，身体很放松
	25. 接近行为	远离声源或不接近也不看声源，主人帮助也不接近	走路时，路线逐渐偏离声源	与声源保持一定距离，走直线	接近或路过声源，盯着声源看，但无抓取或玩耍动作	接近并抓取或者玩耍铁链。
扮鬼测试	26. 攻击行为	没有威胁攻击迹象	间歇吠叫，但是站在原地保持不动	表现出威胁攻击迹象，持续吠叫，持续时间不长	表现出威胁攻击迹象，仅攻击一次	表现出威胁并且几次攻击鬼
	27. 对鬼的注意力	自己玩耍，偶尔看向鬼	一会儿看向鬼，一会儿看主人或其他，之后不再看鬼	一直盯着鬼看但不向鬼移动	一直盯着鬼看，向鬼移动短距离后停住	在鬼接近期间一直盯着鬼看并向鬼接近较长距离
	28. 逃避行为	一直在主人前面或者侧面，或向前走动靠近鬼	站在原地不动	退缩在主人后面，向主人贴近走几步	逃离鬼，但不超过链子的长度，更加靠近主人，紧贴主人	逃离鬼比链子的距离还要长

续表

测试项目	行为变量	1	2	3	4	5
扮鬼测试	29. 探索行为	不接近，至少在第 4 步执行以前	执行第 3 步后靠近	执行 1 或 2 个步骤后接近，但犹豫	松开链子后，主动缓慢接近	在松开链子后立即接近
	30. 与鬼的接触	在接触阶段躲避鬼，向后退	走近几步，又停下	走近鬼，短暂探索后逃离	走近鬼进行探索、嗅闻	热情问候伴有跳跃、低呜
游戏 2	31. 玩耍	不玩	不玩，感兴趣	游戏开始缓慢，逐渐变得活跃	起跑积极，起跑快	开始得很快，玩得很积极
	32. 抓取	不抓取	不抓取，嗅探物体	犹豫不决地或仅用门牙抓东西	直接抓取，满嘴撕咬	直接抓取，运动中抓住物体
枪声测试	33. 逃避反应	直接逃跑	停止玩耍，呆在原地，或在原地转圈，想要逃跑，然后逐渐远离声源	停止玩耍，或在主人身边徘徊，不远离声源	停止玩耍，一会儿接着玩耍	一怔后，直接奔向声源，或继续玩耍

附录9 培训前期评估项目

基本评估项目：						
评估项目	评估结果					备 注
工作意愿性	优	良	中	次	差	工作意愿差 □ 无故停止 □
服从性	优	良	中	次	差	服从性弱 □
上下台阶的能力	优	良	中	次	差	3 厘米以上的台阶未停 □ 3 厘米以下的台阶未停 □
集中注意力的能力	优	良	中	次	差	停下□ 嗅闻 □ 追扑 □
直线行走的能力	优	良	中	次	差	无障碍时走“S”线 □
专业技能评估项目：						
评估项目	评估结果					备 注
靠边行走的能力	优	良	中	次	差	挤人、撞路肩、商铺、广告牌等危险区域 □ 领人偏入机动车道（过黄线或白线）□
准确寻找目的地的能力	优	良	中	次	差	方向错误 □
躲避路面障碍能力	优	良	中	次	差	擦撞 □ 正撞 □ 逼近障碍后绕开 □ 逼近障碍停下，指令“找路”后，绕开 □ 逼近障碍停下，指令“找路”后，绕不开 □
躲避右肩障碍的能力	优	良	中	次	差	擦撞 □ 正撞 □ 逼近障碍后绕开 □ 逼近障碍停下，指令“找路”后，绕开 □ 逼近障碍停下，指令“找路”后，绕不开 □
躲避高空障碍的能力	优	良	中	次	差	擦撞 □ 正撞 □ 逼近障碍后绕开 □ 逼近障碍停下，指令“找路”后，绕开 □ 逼近障碍停下，指令“找路”后，绕不开 □
过马路能力	优	良	中	次	差	找不到斑马线 □ 偏离斑马线（特殊情况除外）□ 车来（包括车抢行）犬不停 □
危险情况处理意识	优	良	中	次	差	无预判 □ 无处理意识 □ 不减速 □
评估结果	通过 □					继续训练 □ 淘汰 □
建议：						
说明：1. 请在评估结果栏中的相应位置打“√”，给出被测犬在某项目的评估结果。 2. 备注空格栏请打“√”，表明犬出现的主要问题。“√”上下排列，其多少代表出现的次数。						

附录 10　培训后期评估项目

评估考核项目：						
评估项目	评估结果					备　注
工作意愿性	优	良	中	次	差	工作意愿差 □　无故停止 □
服从性	优	良	中	次	差	服从性弱 □
上下台阶的能力	优	良	中	次	差	3 厘米以上的台阶未停 □　3 厘米以下的台阶未停 □
集中注意力的能力	优	良	中	次	差	停下□　嗅闻 □　追扑 □
直线行走的能力	优	良	中	次	差	无障碍时走“S”线 □
移交性	优	良	中	次	差	移交性差□
专业技能评估项目：						
评估项目	评估结果					备　注
靠边行走的能力	优	良	中	次	差	挤人、撞路肩、商铺、广告牌等危险区域 □ 领人偏入机动车道（过黄线或白线）□
准确寻找目的地的能力	优	良	中	次	差	方向错误 □
躲避路面障碍能力	优	良	中	次	差	擦撞 □　正撞 □　逼近障碍后绕开 □ 逼近障碍停下，指令“找路”后，绕开 □ 逼近障碍停下，指令“找路”后，绕不开 □
躲避右肩障碍的能力	优	良	中	次	差	逼近障碍后绕开 □ 擦撞移动障碍物 □　正撞移动障碍物 □ 擦撞固定障碍物 □　正撞固定障碍物 □
躲避高空障碍的能力	优	良	中	次	差	逼近障碍后绕开 □ 擦撞移动障碍物 □　正撞移动障碍物 □ 擦撞固定障碍物 □　正撞固定障碍物 □
过马路能力	优	良	中	次	差	找不到斑马线 □　偏离斑马线 □ 无观察车辆人流的意识 □　有车驶来时抢行 □ 车来（包括车抢行）犬不停 □ 存在安全隐患、未知是否会过马路 □
危险情况处理能力	优	良	中	次	差	无预判 □　无处理能力 □　不减速 □
评估结果	通过 □					继续训练 □　　淘汰 □
建议：						
说明：1. 请在评估结果栏中的相应位置打“√”，给出被测犬在某项目的评估结果。 2. 备注空格栏请打“√”，表明犬出现的主要问题。“√”上下排列，其多少代表出现的次数。						

附录 11　共同训练初期评估表

评价 评估项目	良好	中等	较差	技术意见及建议
盲人正确使用导盲鞍的情况				
盲人准确下达口令的能力				
盲人对犬的适应能力				
盲人使用犬时手势是否标准				
盲人命令犬左转、右转时动作是否规范				
盲人对犬上、下台阶出错时的控制能力				
盲人对犬分心时的控制能力				
遇到障碍时盲人的处理意识				
盲人感知犬方向错误的能力				
有光感的盲人的自主性				
评估结果	良好		合格	不合格
备注：				

附录 12　共同训练后期评估表

评价 评估项目	良好	中等	较差	技术意见及建议
盲人正确使用导盲鞍的情况				
盲人准确下达口令的能力				
盲人对犬的适应能力				
盲人使用犬时手势是否标准				
盲人命令犬左转、右转时动作是否规范				
盲人命令犬上、下台阶时动作是否规范				
盲人带犬过马路的能力				
盲人控制犬的能力				
遇到障碍时盲人的处理能力				
盲人的应变能力				
盲人带犬躲避右肩 / 高空障碍的能力				
有光感的盲人的自主性				
评估结果	良好		合格	不合格
备注：				

参考文献

[1] 赵燕潮 . 中国残联发布我国最新残疾人口数据全国残疾人口逾 855 万 [N]. 中国残疾人，2012.

[2] 崔晓媛 . 浅谈实现视障人士多元化就业的阻碍与对策 [J]. 青春岁月，2018，20:459.

[3] Silvio P. Mariotti. Global data on visual impairments（WHO/NMH/PBD/12.01）.

[4] Tang Y T, Wang X F, Wang, J C, et al. Prevalence and Causes of Visual Impairment in a Chinese Adult Population: The Taizhou Eye Study [J]. Ophthalmology, 2015, 122（7）: 1480—1488.

[5] 何鲜桂，朱剑锋，徐洪妹 . 上海市盲童学校学生视力状况及致盲原因调查分析 [J]. 中华眼视光学与视觉科学杂志，2011，5: 382—386.

[6] 杜海涛，周鼎，施展，赵楚楚，郭鑫，刘平 . 哈尔滨市盲校儿童视力调查及致盲原因分析 [J]. 中国斜视与小儿眼科杂志，2018，1: 35—37.

[7] GB/T26341-2010，残疾人残疾分类和分级 [S].

[8] 郭卫东 . 北京瞽叟通文馆与中国盲文体系的初建 [J]. 北京社会科学，2005，3: 97—103.

[9] 王晓燕 . 中国近代特殊教育制度化研究 [D]. 陕西师范大学，2015.

[10] 冯元，俞海宝 . 我国特殊教育政策变迁的历史演进与路径依赖——基于历史制度主义分析范式 [J]. 教育学报，2017，3: 92—101.

[11] 毕雪峥 . 浅谈我国盲人职业教育的意义以及盲人教师的职责 [J]. 课程教育研究（新教师教学），2014，29: 61.

[12] 陈立 . 我国盲人高等教育现状的审视与突围 [J]. 绥化学院学报，2016，10: 96—99.

[13] 程凯 . 推广国家通用手语和通用盲文是残疾人事业的一项基础性工作 [J]. 残疾人研究，2018，3: 3—7.

[14] 相自成 . 残疾人的就业——中国历代有关残疾人保护的法律制度（九）[J]. 中国残疾人，2003，3: 19—20.

[15] 韩国：只准许盲人从事按摩行业韩国按摩法律再惹争议 [J]. 中国残疾人，2018，2: 27.

[16] 满向昱，朱曦济，李程宇 . 新形势下视力残疾人就业问题研究 [J].

残疾人研究，2013，2: 57—60.

［17］蔡宇涵．我国视障人士就业问题研究［J］．环渤海经济瞭望，2017，8: 119-120.

［18］国外残疾人立法情况［J］．中国残疾人，1990，11: 15—16.

［19］韩磊．残疾人权益的民法保护［D］．山东大学，2008.

［20］刘富东，庞勃．对城市道路中盲道的材料分类及铺砌方式的探讨［J］．天津市政工程，2006，3: 1—2.

［21］缑存歌．城市盲道设计现状的问题分析和解决性建议［J］．美与时代（下），2015，9: 46—47.

［22］北京首个盲文公交站牌亮相［J］．金色年华，2016，10: 7.

［23］Alice T, Gasch. Guide Horses for the Blind. American Journal of Ophthalmology, 2015, 160（5）: 958.

［24］Kim L Y, Park S H; Lee S Y, et, al. An electronic traveler aid for the blind using multiple range sensors. IEICE Electronics Express, 2009, 6（11）: 794—799.

［25］刘睿，董名博，罗辉．浅谈北斗卫星导航系统应用［J］．地球，2016，6: 290.

［26］徐丝雨，唐彪．基于北斗卫星导航系统的电子导盲犬的开发及应用［J］．数字技术与应用，2017，2: 92—93.

［27］任彤彤，薛旭栋．论盲人使用导盲犬的权利保障［J］．商，2015，24: 289.

［28］孙祥祥，臧宏玲．城市盲道使用现状中的政府责任思考［J］. 大观，2017，5: 198.

［29］Ostermeier M. History of Guide Dog Use by Veterans［J］. MILITARY MEDICINE，2010，175（8）: 587—593.

［30］赖杰，李冰．公安部南京警犬研究所导盲犬培训纪实［J］．中国工作犬业，2009，3: 4—6.

［31］李崇寒．心灵的抚慰和伴侣导盲犬：盲人的“眼睛”［J］．国家人文历史，2018，4: 30—33.

［32］袁野，唐芳索．导盲犬的选择及其训练方法［J］．中国工作犬业，2008，11: 23—25.

［33］李冰．什么犬适用于导盲犬［J］．中国工作犬业，2007，4: 11—11.

［34］王亮．金毛猎犬的生理、生化及生长发育的研究［D］．大连医科大学，2007.

［35］关键，王俊，李小清．金毛猎犬［J］．2006，2: 9—9.

［36］纪捷．话说犬的神经类型及其特征［J］．中国工作犬业，2010，5: 46—48.

［37］薛守卫．不同神经类型犬的训练［J］．中国工作犬业，2008，9: 48—49.

［38］Helping to pick guide dog puppies［J］. Veterinary Record, 2017, 180（25）: 606.1—606.

［39］Wright P J, Mason T A. The usefulness of palpation of joint laxity in puppies as a predictor of hip dysplasia in a guide dog breeding programme［J］. Journal of Small Animal Practice,2010,18（8）: 513-522.

［40］李群，黄勇．犬的繁殖育种技术最新研究进展［J］．犬业科技，2017，1: 5—9.

［41］陈方良，黎立光，彭建国等．种犬引进工作的综合管理［J］．中国工作犬业，2006，1: 36—37.

［42］JamesAS.C-BARQ［EB/OL］. https://vetapps.vet.upenn.edu/cbarq/, 2019-1-10.

［43］Sundman A S, Johnsson M, Wright D, et al. Similar recent selection criteria associated with different behavioural effects in two dog breeds［J］. Genes Brain and Behavior, 2016, 15（8）: 750—756.

［44］尚玉昌．动物行为学［M］．北京：北京大学出版社，2005.

［45］路可心．动物行为学的形成与发展分析［J］．南方农机，2018.4: 182.

［46］Udell M A, Wynne C D. A review of domestic dogs'（Canis familiaris）human-like behaviors: or why behavior analysts should stop worrying and love their dogs［J］. Journal of the Experimental Analysis of Behavior, 2013, 89（2）: 247—261.

［47］陈蓉霞．与鸟兽虫鱼的亲密对话：动物行为学家洛伦茨［J］．自然辩证法通讯，2003，4: 87—95.

［48］李斌．洛伦茨——第一个获得诺贝尔奖的心理学家［J］．大众心理

学，2007，11: 45—46.

［49］赵心，刘定震 . 动物行为学家——尼可拉斯·廷伯根［J］. 自然杂志，2008，6: 364—367.

［50］Karen B, Nina C, Helen Z, et al. A Systematic Review of the Reliability and Validity of Behavioural Tests Used to Assess Behavioural Characteristics Important in Working Dogs［J］. Frontiers in Veterinary Science, 2018, 5: 112.

［51］Craigon P J, Pru H W, England G C W et al. "She's a dog at the end of the day" : Guide dog owners' perspectives on the behaviour of their guide dog［J］. PLOS ONE, 2017, 12（4）: e0176018.

［52］Kobayashi N, Arata S, Hattori A. Association of Puppies Behavioral Reaction at Five Months of Age Assessed by Questionnaire with Their Later 'Distraction' at 15 Months of Age, an Important Behavioral Trait for Guide Dog Qualification［J］. Journal of Veterinary Medical Science, 2012, 75（1）: 63.

［53］Arata S, Momozawa Y, Takeuchi Y, et al. Important behavioral traits for predicting guide dog qualification.［J］. Journal of Veterinary Medical Science, 2010, 72（72）: 539–545.

［54］Miklósi Ádám. Dog Behaviour, Evolution and Cognition［J］. Animal Behaviour, 2016, 111（4）: 269–269.

［55］Schoon A, Berntsen T G. Evaluating the effect of early neurological stimulation on the development and training of mine detection dogs［J］. Journal of Veterinary Behavior Clinical Applications & Research, 2011, 6（2）: 150–157.

［56］Asher L, Blythe S, Roberts R, et al. A standardized behavior test for potential guide dog puppies: Methods and association with subsequent success in guide dog training［J］. Journal of Veterinary Behavior Clinical Applications and Research, 2013, 8（6）: 431–438.

［57］Goleman M. Use of puppy test in the evaluation of future dog behavior and character.［J］. Medycyna Weterynaryjna, 2010, 66（6）: 418–420.

［58］Vaterlaws–Whiteside H, Hartmann A, Vaterlaws–Whiteside H, et al. Improving Puppy Behavior using a new Standardized Socialization Program［J］. Applied Animal Behaviour Science, 2017, 197.

[59] Jagoe A, Serpell J. Owner characteristics and interactions and the prevalence of canine behavior problems [J] . Applied Animal Behaviour Science, 1996, 47 (s1–2) : 31–42.

[60] Jones A C, Gosling S D. Temperament and personality in dogs (Canis familiaris) : A review and evaluation of past research. [J] . Applied Animal Behaviour Science, 2005, 95 (1–2) : 1–53.

[61] Svartberg K, Forkman B. Personality traits in the domestic dog (Canis familiaris) [J] . Applied Animal Behaviour Science, 2002, 79 (2) : 133–155.

[62] Serpell J A, Hsu Y. Development and validation of a novel method for evaluating behavior and temperament in guide dogs [J] . Applied Animal Behaviour Science, 2001, 72 (4) : 347–364.

[63] Harvey N D, Craigon P J, Blythe S A, et al. An evidence–based decision assistance model for predicting training outcome in juvenile guide dogs [J] . PLoS ONE, 2017, 12 (6) : e0174261.

[64] Wilsson E, Sundgren P E. Behaviour test for eight–week old puppies-heritabilities of tested behaviour traits and its correspondence to later behaviour [J] . Applied Animal Behaviour Science, 1998, 58 (1–2) : 151–162.

[65] 李小慧 . 犬主要行为性状及其相关基因的研究 [D]. 南京农业大学, 2006.

[66] 马长书 . 论犬行为测试方法研究 [J] . 犬业科技，2011，4: 7–8.

[67] Dawkins M S, Martin P, Bateson P. Measuring Behaviour. An Introductory Guide [J] . Quarterly Review of Biology, 2007, 15 (2–3) : 347–349.

[68] 刘林林，苏文君，蒋春雷 . 唾液应激生理指标研究进展 [J] . 临床军医杂志，2017，45: 1204–1208.

[69] 郑婷婷 . 脑电信号处理系统的现状及发展 [J] . 山东工业技术，2017，9: 260，276.

[70] 李红，李光华，张学红，等 . 浅谈应激与疾病 [J]. 当代医药论丛，2011，9: 6–6.

[71] 胡桃红，宋有城，朱俊 . 心率变异性 [J] . 临床心电学杂志，1995，1: 23–28.

［72］张懿，苏文君，蒋春雷．应激生理指标皮质醇和 α－淀粉酶的研究进展［J］．军事医学，2017，41: 146–149.

［73］DiPietro J A, Costigan K A, Pressman E K. Antenatal origins of individual differences in heart rate［J］. Dev Psychobiol, 2000, 37, 221–228

［74］Kikkawa A, Uchida Y, Suwa Y, et al. A novel method for estimating the adaptive ability of guide dogs using salivary sIgA［J］. Journal of Veterinary Medical Science, 2005, 67: 707.

［75］Maros K, Dóka A, MiklósiÁ. Behavioural correlation of heart rate changes in family dogs［J］. Applied Animal Behaviour Science, 2008, 109: 329–341.

［76］Graham F K, Clifton R K. Heart–rate change as a component of the orienting response［J］. Psychological Bulletin, 1966, 65: 305.

［77］Gácsi M, Maros K, Sernkvist S, et al. Human analogue safe haven effect of the owner: behavioural and heart rate response to stressful social stimuli in dogs［J］. Plos One, 2013, 8: e58475.

［78］李雅婵，雒东，韩芳，等．距离测试中拉布拉多犬行为及心率变化对导盲犬培训成功率的影响［J］．中国实验动物学报，2017，1: 60–63，69.

［79］韩芳，李雅婵，赵明媛，等．恐惧性测试中导盲犬心率变化差异性研究［J］．实验动物科学，2016，6: 39–44.

［80］Bergamasco L, Osella M C, Savarino P, et al. Heart rate variability and saliva cortisol assessment in shelter dog: Human–animal interaction effects［J］. Applied Animal Behaviour Science, 2010, 125（1–2）: 56–68.

［81］Beerda B, Schilder M B H, Janssen N S C R M, et al. The Use of Saliva Cortisol, Urinary Cortisol, and Catecholamine Measurements for a Noninvasive Assessment of Stress Responses in Dogs［J］. Hormones & Behavior, 1996, 30（3）: 0–279.

［82］Tomkins L M, Thomson P C, Mcgreevy P D. Behavioral and physiological predictors of guide dog success［J］. Journal of Veterinary Behavior Clinical Applications & Research, 2011, 6: 178–187.

［83］Kikkawa A, Uchida Y, Suwa Y, et al. A novel method for estimating the adaptive ability of guide dogs using salivary sIgA［J］. Journal of Veterinary Medical

Science, 2005, 67: 707.

［84］彭林泽，曾献存，余智勇 . 动物遗传标记的研究进展及应用［J］. 畜牧兽医杂志，2007，2: 32–34.

［85］周延清 . 遗传标记的发展［J］. 生物学通报，2000，5: 17–18.

［86］王镭，郑茂波 . 遗传标记的研究进展［J］. 生物技术，2002，2: 41–42.

［87］朱颜，周国利，吴玉厚 . 遗传标记的研究进展和应用［J］. 延边大学农学学报，2004，1: 64–69.

［88］魏麟，黎晓英，黄英 . 遗传标记及其发展概述［J］. 动物科学与动物医学，2004，10: 42–45.

［89］李德贵，杨利国，叶俊华 . 犬分子标记研究进展［J］. 家畜生态学报，2007，4: 93–96.

［90］杨前勇 . AKC、SV、UKC 的 DNA 证书［J］. 犬业科技，2005，1: 22–22.

［91］Lindblad–Toh K, Wade C M, Mikkelsen T S, et al. Genome sequence, comparative analysis and haplotype structure of the domestic dog［J］. Nature, 2005, 438（7069）: 803–819.

［92］Werner P, Raducha M G, Prociuk U, et al. A comparative approach to physical and linkage mapping of genes on canine chromosomes using gene–associated simple sequence repeat polymorphism illustrated by studies of dog chromosome 9［J］. Journal of Heredity, 1999, 90（1）: 39–42.

［93］Parker H G. Genetic Structure of the Purebred Domestic Dog［J］. Science（Washington D C）, 2004, 304（5674）: 1160–1164.

［94］马巍，叶俊华，马长书 . 应用 AFLP 分析 7 种警犬的遗传多样性［J］. 广东农业科学，2007，7: 85–88.

［95］杜蔚安 . 犬 11 个 STR 基因座荧光复合扩增体系的构建［D］. 南昌大学，2007.

［96］叶俊华，麻俊武，杨前勇 . 利用 10 个 STR–DNA 的多态性进行警犬亲子鉴定［J］. 江西农业大学学报，2005，1: 110–113.

［97］Van den berg L,Kwant L,Hestand M S, et al. Structure and Variation of Three Canine Genes Involved in Serotonin Binding and Transport: The Serotonin

Receptor1A Gene（HTR1A）, Serotonin Receptor 2A Gene（HTR2A）,and Serotonin Transporter Gene（SLC6A4）[J] . Journal of Heredity, 2005, 96: 786-796.

[98] Masuda K, Hashizume C, Ogata N. Sequencing of canine 5-hydroxytriptamine receporter（5-HTR）1B, 2A, 2C genes and identification of polymorphisms in the 5-HTR1B gene [J] . Vet MedSci, 2004, 66（8）: 965-972

[99] Klukowska J, Szczerbal I, Wengi-Piasecka A, et al. Identification of two polymorphic microsatellites in a canine BAC clone harbouring a putative canine MAOA gene [J]. Anita Genet, 2004, 35（1）: 75-76

[100] Hashizume C, Masuda K,Momozawa Y, et al. Identification of an cysteine-to-arginine substitution caused by a single nucleotide polymorphism in the canine monoamine oxidase B gene [J] . Vet Med Sci, 2005, 67（2）: 199-201.

[101] 苏威 . 犬攻击行为性状及其相关基因研究 [D] . 扬州大学，2008.

[102] Goddard M E, Beilharz R G. Genetic and environmental factors affecting the suitability of dogs as Guide Dogs for the Blind [J] . Theoretical & Applied Genetics, 1982, 62: 97-102.

[103] Luo D, Ma X, Bai J, et al. Association between COMT SNP variation and timidity in Golden and Labrador Retrievers [J] . Anim Genet, 2018, 49: 340-344.

[104] Takeuchi Y, Hashizume C, Arata S, et al. An approach to canine behavioural genetics employing guide dogs for the blind [J] . Anim Genet, 2009, 40: 217-224.

[105] 赵明媛，俞剑熊，韩芳，等 . 拉布拉多犬神经类型相关基因 SNP 的分析 [J] . 实验动物科学，2015，32: 38-43.

[106] Batt L S, Batt M S, Baguley J A. Factors associated with success in guide dog training [J] . Journal of Veterinary Behavior: Clinical Applications and Research, 2008, 3: 143-151.

[107] Batt L, Batt M, Baguley J, et al. The effects of structured sessions for juvenile training and socialization on guide dog success and puppy-raiser participation [J] . Journal of Veterinary Behavior: Clinical Applications and Research, 2008, 3: 199-206.

[108] 俞剑熊，张雅丽，周子娟 . 犬毛色、毛色基因型及性别与导盲犬培训成功率的相关性研究 [J] . 实验动物科学，2014，6: 32-35.

［109］黄乾贵，张艳．人工智能的发展现状与展望［J］．煤矿机械，2002，4: 10–11.

［110］李凤华．智能轮椅同时定位与地图创建研究［D］．重庆邮电大学，2010.

［111］赵庆澎．计算机人工智能的发展现状与未来趋势［J］．电子技术与软件工程，2018，4: 254.

［112］姜瑾．具有定位导航和障碍规避功能的电子盲杖设计［D］．北方工业大学，2013.

［113］周天剑，王震，姚沁，等．基于 RFID 盲人导航系统［J］．计算机技术与发展，2011，12: 217–220，223.

［114］黄渝龙．基于人工智能技术的智能盲人眼镜［J］．电子世界，2017，23: 173，175.

［115］希大．研发电子导盲犬，Doogo 想让盲人出行更简单［EB/OL］．https://36kr.com/p/5057479.html.

［116］黄淞，蒋雪峰，张贵冰，等．智能语音识别避障机器人的研究与设计［J］．科技风，2009，11: 163，197.

［117］你是我的眼人工智能让盲人“看”世界［J］．华东科技，2017，1: 76–77.

［118］李诚．人工智能抢位战硝烟渐起［J］．智库时代，2017，1: 62.

［119］任彤彤，薛旭栋．论盲人使用导盲犬的权利保障［J］．商，2015，24: 289.

［120］李慧玲，王亮，董建一，等．动物行为学应用——导盲犬的培训与应用情况简介［J］．实验动物科学，2010，4: 81–82.

［121］裴婷．导盲犬出入公共场所的问题研究［D］．苏州大学，2016.

［122］贾幼陵．动物福利概论［M］．中国兽医协会．中国农业出版社，2014.

［123］世界动物卫生组织（OIE）．陆生动物卫生法典［M］．农业部兽医局，译．中国农业出版社，2011.

［124］王建．浅谈工作犬只的日常养护工作［J］. 养犬，2009，2: 28–29.

［125］贺文泉．伴侣动物福利立法研究［D］．济南：山东大学，2016.

[126] 张欣 . 导盲犬能否进入都市公共交通工具辨析 [J]. 武汉交通职业学院学报，2014，2: 42–45.

[127] 吴姣，冯亚杰，霍永 . 浅谈我国动物福利现状 [J]. 农村经济与科技，2018，16: 44–4.